ACEROLA

A cereja tropical

A Editora Nobel tem como objetivo publicar obras com qualidade editorial e gráfica, consistência de informações, confiabilidade de tradução, clareza de texto, impressão, acabamento e papel adequados. Para que você, nosso leitor, possa expressar suas sugestões, dúvidas, críticas e eventuais reclamações, a Nobel mantém aberto um canal de comunicação.

Entre em contato com:
CENTRAL NOBEL DE ATENDIMENTO AO CONSUMIDOR
Fone: (011) 876-2822 (direto aos ramais 259 e 262)
Fax: (011) 876-6988 — End.: Rua da Balsa, 559
São Paulo — CEP 02910-000
Internet: www.livrarianobel com.br

LUIZ MARINO NETTO

Diretor da Dierberger Agrícola S.A.

ACEROLA

A cereja tropical

© 1986 Livraria Nobel S.A.

Direitos desta edição reservados à
Livraria Nobel S.A.
Rua da Balsa, 559 – 02910-000 – São Paulo, SP
Fone: (011) 876-2822 / Fax: (011) 876-6988
Internet: www.livrarianobel.com.br
e-mail: ednobel@nutecnet.com.br

Preparação do texto: Maria Vieira de Freitas
Revisão: Luiz Roberto de Godoi Vidal e Viviam Steinberg
Capa: Foto do autor
Impressão: Prol Gráfica e Editora Ltda.

Dados Internacionais de Catalogação na Publicação (CIP)
(Câmara Brasileira do Livro, SP, Brasil)

M293a
Marino Netto, Luiz, 1917-
Acerola, a cereja tropical / Luiz Marino Netto. — São Paulo : Nobel, 1986

Bibliografia.
ISBN 85-213-0448-X

1. Acerola I. Título.

86-1917
CDD-634.23
-583.214

Índices para catálogo sistemático:

1. Acerola : Fruticultura 634.23
2. Acerola : Botânica 583.214
3. Cereja das Antilhas (Acerola) : Botânica 583.214
4. Cereja das Antilhas (Acerola) : Fruticultura 634.23

É PROIBIDA A REPRODUÇÃO

Nenhuma parte desta obra poderá ser reproduzida, copiada, transcrita ou transmitida por meios eletrônicos ou gravações, sem a permissão, por escrito, do editor. Os infratores serão punidos pela Lei 5.988, de 14 de dezembro de 1973, artigos 122-130.

Impresso no Brasil/Printed in Brazil

Agradecimento

O autor expressa aqui sua gratidão à Sra. Rosina D'Angina que, na qualidade de coordenadora, com competência e critério em muito concorreu para a elaboração deste livro.

Também o nosso muito obrigado ao Sr. Engenheiro-Agrônomo João Ernesto Dierberger, diretor-presidente das empresas Dierberger Agrícola S/A e Dierberger Indústria e Comércio Ltda., de Limeira-SP, pelo aporte financeiro que possibilitou a edição deste livro.

O AUTOR

Prefácio

Sirva este nosso trabalho para inspirar outros a pesquisarem o enorme potencial medicinal contido nas frutas, que a pródiga natureza nos brindou.

Nossa flora, tanto a nativa, como a exótica que aqui medra, "não cura, faz milagres," como sentenciou o sábio Von Martius.

Como sempre tivemos o privilégio de lidar com plantas e com frutas, somos testemunhas de prodigiosas curas que nos foram relatadas. O que se desconhece, ou não se tem certeza, são as dosagens corretas, ou seja, nem demais, nem de menos.

É aqui que os nossos governantes devem intervir, proporcionando verbas, instrumental etc., para que as pesquisas possam ser levadas a efeito, já que não faltam, em nosso país, bons técnicos e estudiosos.

Luiz Marino Netto

Sumário

Introdução 1
Breve histórico 7
Botânica 13
Propagação e formação da cultura 23
Transplantio e repicagem 27
Local da propagação 29
Variedades 31
Solos 37
Clima 39
Espaçamentos 45
Plantio 47
Irrigação e tratos culturais 49
Fertilizações 51
Doenças e pragas 53
Colheita 55
Conservação dos frutos e seus produtos 59
Valor econômico 61
Valor alimentar 65
Algumas receitas 79
Bibliografia 93

Introdução

Quando o saudoso botânico, Dr. Frederico C. Hoehne, foi diretor do Instituto de Botânica, da então Secretaria da Agricultura, Indústria e Comércio de São Paulo, editou o notável trabalho intitulado **Frutas Indígenas**, colocou no frontispício o cambuci (*Paivaea langsdorffii*, Berg.) uma fruteira que, se não nos enganamos, é considerada a árvore-símbolo da "Paulicéia", fato que, certamente, muitos desconhecem.

No referido trabalho, disse Hoehne: "Tudo nos demonstra que as frutas foram e continuam sendo objeto de grande interesse para o homem. As crianças, começando a ingerir alimentos sólidos, indicam a sua preferência para as frutas antes que os pais lhes possam ensinar o seu uso. Elas as ingerem com avidez e sentem-se geralmente mais satisfeitas que com os mingaus e os caldos que lhes ministram. Algumas bananas lhes dão mais prazer que um grande prato de aveia ou uma canja suculenta. Também adultos existem muitos que preferem sempre algumas boas frutas aos nacos de carne. Isso revela-nos que o homem pela sua natureza é frugívoro e, devido a esse mesmo fato, nas dietas, os médicos mais sensatos sempre incluem frutas.

Para obtermos a explicação disso bastará examinarmos um compêndio de dietética ou um tratado de vitaminas. E ao falarmos das vitaminas, é necessário refrisarmos que elas existem em maior quantidade e em melhores condições nas frutas frescas do que nas armazenadas ou em outros produtos alimentares. De acordo com as diferentes fases do desenvolvimento, as diversas substâncias químicas das frutas transformam-se e daí a diferença também no seu sabor. Desde que passam à maturação, tornam-se, porém, sempre proveitosas como proporcionadoras de elementos vitais a quem as ingere."

Sabe-se que muitas pessoas relutam em cultivar em grande escala uma determinada planta frutífera ou uma fruta pouco conhecida. Aqui se faz necessário nos reportarmos novamente ao pensamento de Hoehne, quando diz: "Bem sabemos que é bastante difícil e menos compensador alguém entregar-se à realização de tentativas no sentido de domesticar, selecionar e aperfeiçoar uma árvore produtora de frutos edulos, do que plantar laranjeiras, abacateiros, caquizeiros, jabuticabeiras e outras árvores que os antepassados já domesticaram, selecionaram e aperfeiçoaram. Mas sabemos também que existe maior mérito em se domesticar e introduzir uma nova fruteira nos pomares, que poderá revelar-se a base para novas indústrias ou pelo menos oferecer uma novidade para a mercearia, mesa ou confeitaria".

Deve-se, pois, plantar e depois dizer como os alemães: "Dankbarer Baum" — Árvore grata.

Neste trabalho, pretendemos divulgar mais a extraordinária fruta popularizada em todo o Caribe com a denominação de *acerola*, nome este de origem hispânica, mas ao nosso ver, é mais simpático e condizente chamá-la, como sempre a chamamos, de cereja-das-antilhas.

Dissemos divulgar mais porque, embora existente no Brasil há muitos anos, somente agora essa fruta despertou interesse e curiosidade, graças ao trabalho desenvolvido pelo Prof. Espedito Meira Couceiro, pró-reitor de Atividades de Extensão, do Departamento de Agronomia da Universidade Federal Rural de Pernambuco, devendo a repercussão ser atribuída aos modernos meios de comunicação. Aliás, o nosso livro pouco acrescenta ao já divulgado pelo entusiasta Prof. Couceiro.

No passado, viveiristas e revistas de assuntos agrícolas, além de esporádicos artigos publicados em jornais, procuraram despertar a atenção para essa rica cereja de bonito arbusto. Um artigo mais alentado foi publicado na antiga Revista **Chácaras e Quintais**, v. 92, n. 4, de 15/10/1955, p. 521. É o seguinte: "Scienza e Vita", uma das revistas de melhor conceito científico na Europa, editada em Milão, em um de seus últimos números, revela que foi encontrada a bomba C da medicina em um fruto nativo da América Central (Porto Rico). O cronista e divulgador chama este fruto de bomba C pelo seu espetacular teor de vitamina C, cerca de 80 vezes maior que o encontrado nas frutas cítricas. A denominação dada ao fruto é a de "cereja de longa vida". Sua identificação é *Malpighia punicifolia*, Linn.

A história da descoberta do seu valor vitamínico é contada em uma interessante reportagem de Clara Lusignoli. Segundo revela a autora, foi o prof. Corrado Ansenjo, do Instituto de Bioquímica da Universidade de Porto Rico, que fez a descoberta, encontrando, em 100 gramas de suco de cereja-das-antilhas, 4 000 miligramas de vitamina C (a laranja possui em média 50 miligramas e o limão 45 miligramas).

A descoberta é impressionante, pois revela uma nova fonte natural de vitamina C (ácido ascórbico). Como se sabe, esta vitamina é uma das mais importantes para o homem. A medicina moderna aproveita-a para o tratamento de mais de 40 doenças diferentes, algumas das quais podemos citar como exemplo: escorbuto, fraqueza orgânica, linfatismo, astenia física, hemorragias, anemias, bronquites, resfriados, reumatismo, escarlatina, hipertireoidismo, piorréia, alergias diversas, úlceras, distúrbios da gravidez, esterilidade, coqueluche, tifose, tuberculose (tratamento auxiliar) etc.

A descoberta em 1945, já ensejou o cultivo mais regular da cerejeira-das-antilhas naquele país, onde existia em estado mais ou menos selvagem, nativa que é da região.

A vitamina C existe naturalmente em quase todas as frutas, em quantidades mínimas, e a maioria dos animais tem a capacidade de sintetizá-la. Isto não acontece com o homem, que precisa ingerir pequenas quantidades diárias, sem o que sentirá os efeitos da avitaminose. Calcula-se que os adultos necessitam de uma dose diária de 70 a 75 miligramas; de 30 a 75 miligramas para as crianças; de 80 a 100 miligramas para os adolescentes e de 100 a 150 miligramas para as mulheres em gestação e durante a amamentação.

Na verdade, o alto teor encontrado pelo Prof. Ansenjo na cerejeira-das-antilhas justifica o entusiasmo com que se relata a descoberta, pois nenhum dos vegetais conhecidos e utilizados na alimentação humana se lhe comparam. A industrialização do fruto (compotas, geléias etc.) não altera o teor e isso permite a sua maior utilização popular. A descrição dada para a cerejeira, no artigo que exalta o seu valor e revela suas imensas possibilidades na alimentação humana, é a seguinte: planta arbustiva, com tronco fino, de 40 a 60 cm, e com diâmetro de 7 a 10 cm, do qual saem ramos lenhosos, formando copa densa; flores pequenas, de cor variável, desde o branco ao rosa-pálido e ao rosa-escuro; frutos com 2-3 cm de diâmetro, de sabor levemente adstringente, e de cor variável, desde o laranja até o vermelho (maduro)".

Muita gente denomina a acerola ou cereja-das-antilhas de cereja-do-pará, o que informamos ser incorreto. É que os colonizadores portugueses, chegando ao Pará, encontraram ali a *Britoa triflora*, que os nossos índios chamavam de *ibabirapa* e, em virtude de sua semelhança com a cereja-da-europa (*Cerasus (prunus) vulgaris*), denominada em Portugal de *ginja* ou *jinja*, designaram-na simplesmente de cereja-do-pará.

Terminando estas generalidades, a título informativo, queremos deixar registradas as diversas denominações dadas à cereja-das-antilhas:

Latim — *Malpighia glabra, Linn.*, sinônimo *Malpighia punicifolia*, Linn.
Inglês — *Acerola, Barbados cherry* (Bailey), *West Indian cherry*.
Espanhol — *Acerola* (Porto Rico), *Otero y Toro, Cereza-de-barbados* (México; Perez), *Semeruco, Cereza, Cereza-de-jamaica.*
Holandês — *Geribde kers, Montje-Montje kers, Switie kersie.*
Francês — *Cerise des antilles, Cerise carrée, Lucée.*

Alemão — *Granatapfelblätrige Malpighie*.
Português — (de Portugal), *cereja-do-pará, cerejeira*.

Não podemos concluir este capítulo sem deixar de informar que aqui a acerola já foi procurada até com os nomes de *ceroula* e *ceroila*!

Breve histórico

A acerola ou cereja-das-antilhas (*Malpighia glabra*, Linn.) — da família das malpighiáceas — é uma planta frutífera, originária das Antilhas, norte da América do Sul e América Central. A Universidade Federal Rural de Pernambuco a introduziu nesse Estado, em 1955, porém, em São Paulo, ela já é conhecida há mais de cinqüenta anos, sendo encontrada em chácaras, sítios e fazendas, porém inexistem plantios com finalidades comerciais e/ou industriais.

Na verdade, a exata origem dessa importante cereja é desconhecida, sabendo-se, contudo, que ela sempre esteve presente na região do Caribe, de onde, através dos pássaros e dos imigrantes, se disseminou de ilha em ilha. Não há dúvida de que foi durante séculos apreciada pelas populações nativas da referida região até a chegada do homem branco.

Escreve Carlos G. Moscoso, da Estação Experimental de Agricultura de Rio Piedras — Porto Rico, que os primeiros exploradores espanhóis já conheciam essa fruta, muito utilizada pelos índios. Os colonizadores ficaram impressionados com o seu formato e sua coloração vermelha brilhante e, pela sua semelhança com a cereja-da-europa, chamaram-na de "cereza", denominação espanhola de *cereja*.

Achamos que, no Brasil, as denominações "acerola" e "cereja", ambas de origem hispânica, não devem ser divulgadas, para não confundir com "ciruela", denominação espanhola dada à ameixa. Cereja-das-antilhas parece-nos, pois, ser a denominação correta para essa fruta.

A partir de Cuba, a acerola espalhou-se pela Flórida (EUA), onde, já nos anos de 1887/88, figurou em catálogo de viveiristas, provavelmente da **Royal Palm Nurseries**, de Plínio Reasoner, depois **Reasoner's Brothers**, viveiro que existe até hoje colecionando e reproduzindo plantas de clima tropical e subtropical. Num catálogo de 1930 desse viveiro, trazido pelo Sr. Henrique Jacobs, genro do Sr. João Dierberger Senior e que ali estagiou nos anos de 1930/31, vem assim descrita uma outra malpíghia ornamental:

"*Malpighia coccigera*. Trop. West Indies. A charming little shrub with small, glossy green, prickly leaves resembling holly, and bright pink flowers followed by scarlet berries. Fine for a very dwarf hedge." Assim traduzimos: "*Malpighia coccigera* (Trop. Índias Ocidentais). Pequeno arbusto gracioso, com folhas pequenas, espinhosas e de um verde acetinado, que lembram as do azevinho, e flores rosa brilhantes, às quais se seguem frutos carmesim. Bom para uma cerca viva de pequena altura."

O Catálogo de Plantas, 1940, dos viveiristas Dierberger, de Limeira-SP, na página 20, fala sobre mudas de cereja-das-antilhas, assim:

"Cereja-das-antilhas (*Malpighia coccigera*) — Arbusto de belo aspecto, produzindo profusamente frutinhas semelhantes à cereja-européia. De finíssimo sabor. Plantar na distância de 4 metros."

A denominação *Malpighia coccigera* não é válida para a cereja-das-antilhas. Esta, também chamada acerola, como já vimos, é *Malpighia glabra*, Linn., formalmente *Malpighia punicifolia*, Linn.

A *Malpighia coccigera* (que muitos chamam *Malpigi*) pertence ao mesmo gênero, porém é planta ornamental, ótima para a formação de sebes vivas, de porte baixo, já que as plantas quando plenamente desenvolvidas alcançam uma altura pouco superior a um metro. Respeitada a ortografia da época, acha-se assim descrita no livro **Floricultura Brasileira**, do Eng. Eduardo Rodrigues de Figueiredo, edição da Revista **Chácaras e Quintais**, 1936: "*Malpighia Coccifera*, Linn., da família das Malpigheaceas. Bellíssimo arbusto ornamental, que cresce até 2 m de altura (não cresce além de 1,20 m, ressalvamos), vulgarmente conhecido por "Cerejeira-das-Antilhas", por ser originário daquellas ilhas tropicais. É regularmente cultivado nos jardins do nosso país, não só devido às pequenas e numerosas folhas originais verde-lustroso, muito bizarras, sinuada-dentado-espinhosas. Apezar de ser considerada essa planta como originária do Archipelago das Antilhas, como dissemos, é também tida por alguns autores como planta sul-americana, e mesmo brasileira, por crescer expontaneamente em vários dos nossos Estados. É também conhecida no Estado do Rio de Janeiro por "Vampiro", por attrahir com suas bellas flôres e picar as mãos dos que palmeiam as folhas ligeiramente espinhosas."

Em razão de nos vários tratados e artigos esporádicos que consultamos constar Marcello Malpighi ora como médico, ora como professor, ora como botânico, fisiologista, naturalista e outras classificações, sendo ele o denominador da família *Malpighiaceae* que recebeu seu sobrenome, transcrevemos aqui uma breve biografia, extraída tal como a encontramos no **Dictionnaire d'Histoire et de Géographie**, por M. N. Bouillet:

"Marcello Malpighi foi um médico italiano, nascido em Bolonha, em 1628, e falecido em Roma, em 1694. Lecionou Medicina em Bolonha, em Pisa e em Messina e, em 1691, foi nomeado primeiro médico do Papa Inocêncio XII e foi um dos fundadores da Academia Del Cimento.

Conquistou grande reputação pelas suas pesquisas em anatomia, sendo um dos primeiros a aplicar à anatomia observações microscópicas. Descobriu os corpos mucosos que entram na composição da pele (corpúsculos de Malpighi).

Em suas *Memórias*, redigidas em latim, escreveu sobre os pulmões (Bolonha, 1661); sobre a língua e o cérebro etc., entre 1661 e 1665; sobre a estrutura das vísceras (que ele acreditava serem todas glandulosas), em 1666; sobre a formação do pinto no ovo, em 1661-1673.

Suas obras foram reunidas *in-folius*, em Londres, em 1686. P. Régis publicou suas obras póstumas, também em Londres, em 1697.

Esse médico naturalista italiano pesquisou também as plantas e se preocupou com a anatomia dos vegetais, certamente por entender serem as plantas irmãs do gênero humano."

Ultimamente (1984), graças aos esforços desenvolvidos pelo Prof. Espedito Meira Couceiro, pró-reitor de Atividades de Extensão, do Departamento de Agronomia, da Universidade Federal Rural de Pernambuco, e sua equipe de colaboradores, publicou e vem divulgando uma série de boletins informativos e instrutivos sobre a cerejeira-das-antilhas. Citando Ruehle, Simão, Ansejo, Gusmán, Moscoso, Miller, Nakasone, Yamane e outras autoridades que estudaram a matéria, essas publicações esgotaram praticamente o assunto, mas, porque em forma de folhas avulsas ou boletins, antes que essas preciosas publicações se percam ou sejam relegadas ao esquecimento, a bem do interesse público, resolvemos trazê-las para este livro, ampliando-as e enriquecendo-as com complementos de nosso conhecimento e prática.

Botânica

"De acordo com Ruehle (1953), *Malpighia glabra*, Linn. é um arbusto glabro, de tamanho médio, com 2-3 metros de altura, com ramos densos, espalhados. (Figura 1) As folhas são opostas, de pecíolo curto, ovaladas a elípticas, lanceoladas, com 2,5 a 7,5 cm de comprimento, com a base e o ápice principalmente agudos; são inteiras, mas freqüentemente ondulantes, verde-escuras e brilhantes na parte superior e verde-pálidas na inferior. As flores são dispostas em pequenas cimeiras axilares pedunculadas, de três a cinco flores perfeitas, com 1-2 cm de diâmetro, de cor rosa esbranquiçado e vermelho; o cálice tem de seis a dez sépalas sésseis; a corola é composta de cinco pétalas franjadas ou irregularmente dentadas, com garras finas; há dez estames, todos perfeitos, com os filamentos unidos embaixo. Os frutos variam em tamanho, forma e peso. A forma pode ser oval e subglobosa e o tamanho varia de 2 a 10 gramas. Quanto à cor, o fruto apresenta tonalidades diferentes: verde quando em desenvolvimento, passando a amarelo, e finalmente vermelho-escuro quando maduro. O fruto apresenta normalmente três sementes e um suco avermelhado. O suco representa 80% do peso do fruto."

Fig. 1 — Cerejeira-das-antilhas (acerola).
Planta com aproximadamente 10 anos.

Mais Botânica — Mais Morfologia — Mais Histórico

Os frutos, muitas vezes, são chamados de maçãzinhas, devido à existência do ácido málico, que confere à acerola um perfume semelhante ao da maçã, além de serem iguais na forma e na cor. Há normalmente três sementes pequenas, cada uma dentro de um caroço proeminentemente reticulado, com a consistência de um pergaminho, dando ao fruto um aspecto mais ou menos trilobado. (Figura 2) O desenvolvimento da antera e do pólen é quase normal, podendo ocorrer aborto do saco polínico.

O período mais favorável à germinação do grão de pólen ocorre das 12 às 16 horas, decrescendo a seguir. Pólen de antera deiscente normalmente não germina após 24 horas.

A autopolinização, bem como a polinização cruzada podem ocorrer, mas parece ser a polinização cruzada, em alguns casos, a responsável pelo maior tamanho dos frutos.

O vento e as abelhas não são muito eficientes na polinização. As abelhas dificilmente são vistas visitando as flores das plantas dessa espécie, e o vento, devido ao tipo de pólen, pouca eficiência apresenta no seu transporte.

O fruto forma-se rapidamente, pois do florestamento à maturação gasta, em média, apenas 22 dias.

A frutificação ocorre normalmente três a quatro vezes durante o ano e, em Porto Rico, têm sido registradas até sete colheitas.

Fig. 2 — A acerola possui, normalmente, três sementes pequenas, cada uma dentro de um caroço proeminentemente reticulado.

Acrescentamos que, conforme Moscoso, as árvores variam consideravelmente em seus hábitos de crescimento, porém seu tronco típico é curto e delgado, de 2,5 a 3 m de altura e aproximadamente 7,5 a 10 cm de diâmetro. Os ramos que surgem do tronco não devem ser podados, porque, tendo a planta a aparência de um grande arbusto, naturalmente aumentarão a superfície de frutificação. (Figura 3) A casca da haste é levemente rugosa e de coloração marrom-acinzentado.

O tamanho dos frutos depende de uma série de fatores: seleção ou clones, chuvas, irrigação e aplicações de fertilizantes.

O fruto é macio e sucoso quando maduro e, usualmente, tem um agradável sabor ácido. Alguns clones são quase ou mais ou menos doces e outros extremamente ácidos.

Já dissemos que aproximadamente 80% do fruto é comestível e o total de suco (líquido) representa uma média de 80% dele. Um elevado nível de extração do suco é obtido quando se emprega uma prensa hidráulica. Dada a importância medicinal e industrial da cereja-das-antilhas para os estudiosos, não podemos terminar esta parte sem antes descrever o que de mais antigo encontramos a respeito dessa malpighiácea.

O **Dictionnaire Pratique d'Horticulture et Jardinage**, por G. Nicholson, curador dos jardins reais de Kew, em Londres, editado em Paris em 1895, diz:

"*Malpighiáceas* — Família de vegetais dicotiledôneos, compreendendo cerca de seiscentas espécies divididas em cinqüenta e dois gêneros, nativos das regiões tro-

Fig. 3 — Os ramos que surgem do tronco não devem ser podados, porque aumentarão a superfície de frutificação.

picais, principalmente Brasil e Guianas. São árvores ou arbustos, muitas vezes trepadores, com flores amarelas ou vermelhas, raramente brancas ou azuis, hermafroditas ou polígamas, reunidas em cachos, em corimbos, em umbelas ou em panículas, muitas vezes terminais. Cálice monossépalo, muitas vezes persistente, com quatro ou cinco divisões profundas; corolas com cinco pétalas livres, largamente anguladas e raramente nulas; dez estames, raramente mais livres ou ligados por seus filetes. Os frutos podem ser secos ou carnudos, formados por três carpelos mais ou menos ligados entre si. Folhas geralmente opostas, inteiras, planas, raramente alternas ou verticiladas, sésseis, sinuado-dentadas ou lobadas, com bordas recurvadas; pecíolos articulados sobre os ramos, muitas vezes glandulosos na face inferior ou nas bordas dos limbos, que, por sua vez, são cobertos de pêlos urticantes, em lançadeira, isto é, atados por seu meio; estípulas ordinariamente geminadas na base do pecíolo, ou raramente ligadas em uma bainha. Entre os gêneros mais importantes, podem ser citados: *Banistera, Bunchosia, Gaudichaudia* e *Malpighia*."

Prossegue a literatura citada: "*Malpighia,* Linn., dedicada a Marcello Malpighi, italiano, naturalista e professor em Bolonha (1628-1694), da família *Malpighiaceae*. Gênero que compreende cerca de vinte espécies de arbustos ou árvores pequenas, sempre-verdes, originários da América tropical. Flores brancas ou rosadas, fasciculadas, reunidas em corimbos ou raramente solitárias, axilares ou terminais. Fruto drupáceo, carnudo. Folhas opostas, curtamente pecioladas, glabras ou tomentosas, inteiras ou dentado-espinhosas, às vezes recobertas de pêlos urticantes. *Malpighia augustifolia*, Linn. — Flores púrpura, pálidas ou rosadas, com pedúnculos axilares, umbeliformes. Fruto pequeno, oval, sinulado, púrpura-escuro quando maduro. Folhas lineares-lanceoladas, agudas, cobertas de pêlos nas duas faces, formando camadas urticantes. Ramos lisos. Altura: 2,30 m. América do Sul. *Malpighia aquifolia*, Linn. — Flores róseas, com pedúnculos biflores, axilares, solitárias ou geminadas. Folhas lanceoladas, dentado-espinhosas e guarnecidas embaixo por pêlos deitados e urticantes. Ramos lisos. Altura: 2,30 m. Arbusto, América do Sul. *Malpighia coccigera*, Linn. — Flores rosadas, em pedúnculos axilares, solitários, munidos entre si de duas pequenas escalas. Folhas obovais ou arredondadas, denteadas, espinhosas, lisas e brilhantes. Altura: 60 cm a 1,00 m. América do Sul. É pequeno arbusto buxifólio, fortemente guarnecido de folhas semelhantes às do buxo. *Malpighia glabra*, Linn. — Cerejeira-das-antilhas, do inglês *Barbados cherry*. Flores rosadas ou púrpura-vivo, em pedúnculos axilares, umbeliformes. Frutos vermelhos, arredondados e lisos, tendo um pouco mais da grossura e do formato de uma cereja, e polpa avermelhada. Folhas ovais, muito inteiras, lisas e brilhantes. Altura: até 3 m. América do Sul. Esta árvore é cultivada em todas as Índias Ocidentais e na América do Sul pelos seus frutos, que são estimados, mas sua qualidade é bem inferior àquela da cerejeira-européia. *Malpighia ilicifolia*, Mill. — É sinônimo de *Malpighia aquifolia*, Linn. — *Malpighia nitida*, Cav. — Flores róseas, com pedúnculos axilares e terminais, formando cachos umbeliformes. Folhas lanceoladas, agudas, lisas e luzentes. Altura: 3 m. Magnífico arbusto. *Malpighia punicifolia*, Linn. — Flores róseas, com pedúnculos axilares, uniflores. Frutos da forma e da espessura de uma cereja, muito suculentos, de sabor agradável, mas um tanto ácidos. Folhas ovais, muito inteiras, lisas. Altura: 2,5 m. América do Sul. Este arbusto lembra o aspecto da romãzeira. *Malpighia urens*, Linn. — *Bois Capitaine*, dos franceses; *Cowhage* ou *Cow Itch Cherry*, dos ingleses. Flores róseas ou púrpura-pálido, com pedúnculos uniflores, agregados, de metade mais curta que as folhas; pétalas iguais. Frutos comestíveis. Folhas ovais-oblongas, glabras na página inferior e, em cima, coberta de pêlos estendidos e urticantes. Ramos lisos. Altura: 1 a 2 m. Arbusto. América do Sul."

Atualmente, sabe-se que a família das malpighiáceas compreende 55 gêneros e cerca de 650 espécies. São mais abundantes nas florestas tropicais da América do Sul. A maioria é constituída de plantas ornamentais, sendo poucas as frutíferas, as quais geralmente produzem frutos ácidos, suculentos e refrescantes. Dentre elas, destaca-se a *Malpighia glabra*, Linn. ou *Malpighia punicifolia*, Linn. por serem híbridas entre si. São muito cultivadas nas Índias Ocidentais, sob a denominação de *Barbados cherry* e acerola. Os frutos são realmente idênticos aos das cerejas-européias quanto ao aspecto externo.

Desejando trazer para estas páginas tudo o que foi encontrado na literatura nacional a respeito dessa cereja, informamos que, até 1893, ela não existia no Jardim Botânico do Rio de Janeiro, mas, a partir daí, no livro de J. Barbosa Rodrigues, **Hortus Fluminensis ou Breve Notícia Sobre as Plantas Cultivadas no Jardim Botânico**, p. 62-3, — publicado no Rio de Janeiro, em 1894, pela Tipografia Leuzinger — são mencionadas duas cerejeiras (foi respeitada a ortografia da época):

'*Malpighia*, Linn. (Dedicada ao Prof. Malpighi, botânico italiano). CHARC. GEN. *Calyce* com cinco divisões, tendo cada uma d'ellas uma ou duas glandulas, não excedendo o numero de dez. *Petalas* com as margens franjadas ou dendiciladas. *Estames* em numero de dez, glabros, unidos na base a formar um tubo glabro. *Ovario* glabro, trilocular. *Drupa* carnosa com tres azas. *Arbusto*.

Folhas oppostas. *Flores* axillares, terminais, fasciculadas ou corymbosas, ou solitarias, brancas ou rosadas. *Malpighia coccifera*, Linn. (notar que ele escreveu *coccifera* e não *coccigera*) (M. que aninha o *coccus*, insecto) Patr., América do Sul. É um bonito arbusto de folhas dentadas e espinhosas, que se cobre de flores côr de rosa claro. É planta ornamental muito recommendavel."

Manuel Pio Corrêa, em seu **Dicionário das Plantas Úteis do Brasil, Exóticas e Cultivadas**, refere-se à cerejadas-antilhas como sendo a cerejeira-do-pará e faz a seguinte descrição: "Arbusto ou árvore pequena, até 6 m de altura; folhas opostas, pecioladas, curtas; flores 1-2, às vezes aromáticas pétalas róseas, vermelho-pálidas ou violáceas, às vezes brancas; fruto drupa, de cor cereja ou escarlate. Fornece madeira de pequenas dimensões e excelente qualidade. Frutos comestíveis."

Comenta Pio Corrêa que esta planta, para alguns autores, é apenas uma variedade de *Malpighia glabra*, Linn. modificada pela cultura. Por sua vez, a *Malpighia glabra*, Linn. é a "ginjeira-da-jamaica", existente também no Pará, onde seus frutos são tidos como remédio antidisentérico, ao natural ou em compotas. A ginjeira é árvore de menor porte. Pio Corrêa não acredita que a cerejeira-do-pará seja uma variedade de ginjeira.

Propagação e formação da cultura

A cerejeira-das-antilhas ou acerola pode-se propagar por via sexual (sementes) e por via vegetativa, através de estaquia, mergulhia e enxertia.

Ao contrário do que se recomenda para a maior parte das plantas de importância comercial, que devem-se propagar por via vegetativa, especialmente por enxertia e alporquia, em razão de não ocorrer acentuada segregação, a cerejeira-das-antilhas pode-se multiplicar através de sementes frescas, mesmo porque, sendo autofértil, sempre podem ser obtidas plantas semelhantes entre si.

O método por estaquia deverá ser reservado unicamente para o viveirista especializado, principalmente quando a cultura dessa planta alcançar uma importância maior, já que tal método assegura plenamente as características integrais da variedade, ou seja, da planta-mãe. Quando se dispuser de mudas propagadas por estaquia, obviamente elas serão sempre mais caras, não só por envolver instalações adequadas para tal fim, mas, principalmente, porque com melhores cuidados raramente a percentagem de pagamento ultrapassa 60%.

A propósito, é preciso lembrar que na multiplicação por sementes podem ocorrer fracassos, pelo menos parciais, pois estudos de viabilidade feitos por Simão e outros revelaram que apenas 40% das sementes possuem embrião. (Figura 4) A propagação por sementes é feita em canteiro (alfobre) convenientemente preparado, isto é, com um terço de areia, um terço de terra comum (não praguejada de sementes daninhas) e um terço de esterco de curral, de preferência bovino e muito bem curtido. Na falta deste, poderá ser empregada outra matéria orgânica, desde que suficientemente curtida e isenta de impurezas. A areia poderá ser substituída pela vermiculita.

Nesta matéria sobre semeadura, vamos divulgar o que nos ensina o mestre Fernando A. R. Filgueiras, em seu notável livro **Manual de Olericultura**, edição da Editora Agronômica "Ceres" Ltda., São Paulo, 1972: "O leito da sementeira deve apresentar condições ideais à germinação, ao desenvolvimento das plântulas. Deve ser constituído por um solo tipo areno-argiloso ou arenoso, fértil, poroso, rico em matéria orgânica, com grande capacidade de retenção de umidade, para satisfazer às grandes exigências de água por parte das sementes, durante a germinação. Além disso, o preparo do solo deve ser cuidadoso, de modo que os torrões e outros obstáculos que impeçam o contato íntimo entre o solo e a semente sejam removidos. A textura ideal do solo de um leito é aquela na qual, ao ser umedecido e apertado na mão, forme um torrão, que se esboroa facilmente quando esfregado entre os dedos. (. . .) Assim é que o terriço das matas fornece um excelente material para leitos. A aplicação de esterco de gado, bem curtido e peneirado, é muito utilizada para melhorar as características físicas do solo. Além do ester-

Fig. 4 — Aproximadamente 60% das sementes não possuem embrião, podendo levar a sementeira ao fracasso.

co, em solos excessivamente argilosos também pode ser utilizada areia, para melhorar o arejamento e facilitar a drenagem."

A germinação da cerejeira-das-antilhas deve ocorrer dentro de 20-25 dias após a semeadura. Quando as plântulas tiverem atingido a altura de 10-15 cm, deve-se fazer o transplante para vasilhames, sacos plásticos, latas e/ou, conforme o caso, para o lugar definitivo.

Transplantio e repicagem

Esta breve aula é do Prof. Dr. Salim Simão, em seu livro **Manual de Fruticultura**, Editora Agronômica "Ceres" Ltda. São Paulo, 1971: "A repicagem constitui-se numa das operações mais importantes, por possibilitar uma seleção rigorosa das plantas. É essa uma oportunidade para eliminar todas as plantas defeituosas, doentes ou de desenvolvimento anormal. É no viveiro que se plasma a longevidade da futura árvore, e o desbaste, em algumas ocasiões, chega a ser tão rigoroso que apenas 1/4 das mudas são aproveitadas."

Local da propagação

Convenientemente preparado o alfobre (canteiro), como já explicado, as sementes da cerejeira-das-antilhas são semeadas em linhas distantes de 20 cm entre si e em fileiras contínuas. A posição das sementes é a normal, quer dizer, deitadas ou na posição em que elas ficam quando atiradas ao chão. Achamos necessária esta explicação porque em mais de uma ocasião fomos consultados sobre se as sementes deveriam ser colocadas deitadas ou em pé.

Uma vez semeadas, a proteção contra a excessiva insolação e as regas diárias fazem-se necessárias. A germinação, como já explicado, ocorre dentro de 20-25 dias após a semeadura, e a repicagem para os vasilhames deve ser feita quando as plantinhas atingirem a altura de 10-15 cm.

Quando se utilizam estacas, estas devem ser retiradas de ramos vigorosos, com diâmetro não inferior a 1 cm e com 20-25 cm de comprimento. Deve-se tomar cuidado para não ocorrer inversão na colocação dessas estacas. Aproximadamente um terço do comprimento deve ser enterrado no leito, quer dizer: se a estaca tiver 30 cm, 10 cm ficarão enterrados numa posição ligeiramente inclinada e 20 cm ficarão livres.

Para apressar e/ou assegurar maior porcentagem de enraizamentos, recomenda-se aplicar hormônios enraizadores à base de ácido indolbutírico ao pé das estacas (no comércio especializado são encontradas várias marcas). Deve-se utilizar uma proporção de 10 mg para 100 g de talco neutro. As estacas não enraízam bem em solos compactos, razão por que o preparo prévio dos canteiros deve ser feito do modo anteriormente recomendado. Inexistem práticas recomendadas para as enxertias, porque nunca necessitaram ser adotadas para a cerejeira-das-antilhas, razão por que não trataremos aqui deste particular. Entretanto, aquele que desejar experimentar, o método utilizado é o de borbulha em "T" normal ou invertido, também denominado "janela aberta". Este sistema é assim explicado pelo Prof. Dr. Salim Simão: "Faz-se no porta-enxerto duas incisões transversais e duas longitudinais, de modo a ficar livre a região a ser ocupada pela borbulha. A borbulha é retirada do garfo (garfo é a variedade que se deseja enxertar), praticando-se duas incisões transversais e duas longitudinais no ramo, de modo a obter um escudo idêntico à parte retirada do *cavalo*, que neste caso é a estaca ou porta-enxerto. A seguir a borbulha é embutida no retângulo vazio e deve ficar em contato com os tecidos do cavalo. A seguir, o enxerto é amarrado."

Advertimos que, verificado o perfeito pegamento, através da brotação da borbulha que foi colocada, o amarrio deve ser cortado, retirado, para que não ocorra estrangulamento do caule.

A melhor época para a enxertia da cerejeira-das-antilhas é a primavera-verão, por serem maiores, nessa época, a quantidade e a circulação da seiva.

Variedades

No Brasil nunca se falou e ainda não se fala em cultivares de cerejeira-das-antilhas. Pudessem ser examinadas as plantas que no decorrer dos anos foram disseminadas pelas chácaras, sítios e fazendas do país, por se tratar de plantas que sempre foram propagadas por via sexual, resultantes de segregações e favorecimento e/ou desfavorecimento de condições ambiente, talvez fossem descobertos ótimos clones.

Em seu já referido livro **Manual de Fruticultura**, tratando das variedades, o Prof. Dr. Salim Simão diz apenas o seguinte: "As variedades classificam-se em doces e ácidas. As ácidas possuem maior riqueza em ácido ascórbico que as doces. Ansenjo e Gusmán, em Porto Rico, encontraram frutos riquíssimos em vitamina C, com teor de ácido ascórbico variando de 1 030 a 3 309 miligramas por 100 gramas de suco. Dentro dos grupos ácido e doce, os investigadores selecionaram clones levando em consideração o teor vitamínico. Assim, na Estação Experimental do Havaí, os seguintes clones foram classificados: a) grupo doce — 4-43, Manoa doce; 9-68, Rubi tropical e 8E-32, Rainha do Havaí; b) grupo ácido — 3B-21 J. H.

Beaumont; 22-40, C. F. Rehnborg e 3B-1 Jumbo vermelho."

Há cerca de um ano, o Dr. Luiz Carlos Donadio, professor de fruticultura da Faculdade de Ciências Agrárias e Veterinárias de Jaboticabal, regressando de prolongado estágio nos Estados Unidos, trouxe da Flórida a cultivar *Florida sweet*, que se acha em fase de crescimento.

No Havaí foram selecionados três clones de frutos doces e cinco de frutos ácidos e entre eles estão aqueles que o Dr. Salim Simão menciona, mas não descreve, o que faremos a seguir. Ressalte-se que as variedades de frutos doces são indicadas para a mesa, ao passo que as cultivares de frutos ácidos, sempre mais ricas em ácido ascórbico, são as indicadas para a industrialização ou para diversas utilidades, conforme algumas receitas dadas no final deste livro.

Variedades doces

Manoa Sweet (4-43) — Selecionada de um "seedling" da B-17, apresenta copa ereta e estendida. É vigorosa, prolífica e tem tendência a produzir muita ramagem líder, atingindo até 5 m de altura. Seus frutos são de coloração amarelo-avermelhada quando completamente maduros. São doces, de bom sabor. É recomendada para plantios caseiros.

Tropical Ruby (9-68) — Igualmente descende de uma semente da B-17 e o hábito de crescimento lembra a anterior, necessitando de controle para desenvolver tronco único. Não podada, pode atingir 5 m de altura.

Boa produtora, seus frutos são idênticos aos da *Manoa Sweet*.

Hawaiian Queen (8E-32) — Também "seedling" da B-17, seu hábito de crescimento é ereto, esparramado e aberto. Igualmente, deve ser conduzida de maneira a formar tronco único, o que pode ser praticado com menor esforço que as anteriores.

Variedades ácidas

J. H. Beaumont (3B-21) — Denominação dada em homenagem ao Dr. John H. Beaumont, que foi diretor da Estação Experimental de Agricultura do Havaí. O Dr. Beaumont montou todo o instrumental para iniciar o projeto de pesquisas sobre a acerola, buscando em diferentes fontes os recursos financeiros e a assistência material. Falecido em 1957, esteve ativamente engajado no projeto que liderou as pesquisas.

Derivado de sementes obtidas na Universidade de Miami, este clone é compacto, baixo, com ramagem densa e hábito de crescimento que pode ser facilmente conduzido para formar arbusto de tronco único. Tanto a produção de frutos como a de ácido ascórbico são boas. Fruto grande, com coloração laranja avermelhada quando completamente maduro.

C. F. Rehnborg (22-40) — Nome dado em homenagem ao Sr. Carl F. Rehnborg, presidente da "Nutrilite Products, Inc.", de Buena Park, Califórnia, devido ao seu grande interesse pela acerola, como cultura de importância comercial, tendo promovido importante suporte financeiro e moral para os estudos que envolvem essa fruta.

Provenientes de Miami, as sementes germinaram no Havaí. A planta é de formação compacta, densamente ramificada, podendo ser facilmente conduzida para formar tronco único. Embora altamente produtiva, comparativamente seu teor em ácido ascórbico é baixo. Apresenta fruto grande com coloração laranja avermelhada, passando a vermelho-escuro quando completamente maduro.

F. Haley (3A-8) — É denominação derivada de Frederick Haley Senior, que foi o primeiro a introduzir a acerola no Havaí, em grande quantidade e com finalidades comerciais. Embora não tenha prosseguido com a comercialização dessa cultura, ela se constituiu numa valiosa contribuição à lista das *culturas com potencialidade econômica* (grifo nosso).

Com sementes provenientes de Miami, essa cultivar forma boas árvores para pomares, sendo facilmente conduzida para formar tronco único, e tem hábito de crescimento ereto. Seus ramos são alongados, com ramagem lateral não esparramada. Os frutos, de tamanho médio, têm coloração vermelho-púrpura quando plenamente maduros. Esta variedade adapta-se melhor às áreas mais secas.

Red Jumbo (3B-1) — Selecionada a partir de um "seedling" de Miami, é uma das melhores como *orchard-type-trees*, que significa variedade indicada para plantações comerciais. Possui tronco único e crescimento compacto; ramagem bem distribuída e hábito de crescimento baixo. No Havaí sua estação de florescimento prolonga-se de janeiro a fevereiro. Embora seja arbusto baixo, a porcentagem de frutificação é relativamente alta e o fruto grande, pesando 9,3 g, em média; é de coloração atrativa, passa do vermelho-cereja para o vermelho-púrpura quando em plena maturação.

Maunawili (n.º 8) — Esta cultivar surgiu como planta isolada num canavial da "Hawaiian Sugar Planters' Association Experiment Station", em Maunawili, ilha de Oahu. Embora não se destaque quanto ao conteúdo de ácido ascórbico, demonstrou superior *performance* nas áreas bastante chuvosas e seu fácil e manejável crescimento fizeram dela um clone desejável. Desenvolve tronco único e exige pouca ou nenhuma poda; seus ramos são eretos e ao mesmo tempo compactos. As folhas geralmente pequenas e estreitas. Seus frutos são pequenos, vermelho-cereja e até vermelho-púrpura quando bem maduros.

Finalizando este capítulo, informamos que o peso da cereja-das-antilhas (acerola) varia, conforme a variedade, de 3,3 a 9,3 g.

Solos

A cerejeira-das-antilhas desenvolve-se bem em quase todos os tipos de solo. Os de fertilidade média e os argilo-arenosos, por reterem maior teor de umidade, são os mais indicados.

Por dificultar a assimilação dos macro e micronutrientes, especialmente deste último, os solos alcalinos deverão ser evitados. Essa cerejeira prospera bem nos solos ácidos, ou seja, nas faixas de pH 4.5 até 6.5. Os solos alcalinos dificultam a translocação dos micronutrientes, especialmente do ferro (Fe), pelo qual essa cerejeira é ávida. Quando cultivada em solos calcários, isto é, alcalinos, a cereja-das-antilhas requer fertilizações de micronutrientes em forma de pulverizações, que podem ser levadas a efeito duas vezes ao ano, no outono e na primavera. As dosagens serão as indicadas nas bulas dos respectivos fabricantes.

Sendo essa planta intolerante quanto a solos encharcados, deve-se, nas culturas intensivas, dar preferência aos solos ricos, profundos e bem drenados.

Clima

A cerejeira-das-antilhas é planta rústica, desenvolvendo-se bem em clima tropical e subtropical. Quando adulta (madura), suas folhas persistentes suportam temperaturas inferiores a 0°C, conforme temos visto nas regiões sulinas, onde resistiram às mais fortes geadas. No clima mesotérmico de Limeira-SP, prosperam admiravelmente e, embora por curtos períodos, resistem, sem nenhum dano, a temperaturas inferiores a 2°C.

Durante o período seco e frio a planta permanece estacionária, o que é normal, porém, quando a temperatura se eleva, a vegetação e o florescimento mantêm-se constantes. Se houver precipitações, a vegetação, o florescimento e a frutificação são acelerados. (Figuras 5 e 6) Por isso mesmo sua maior frutificação acontece na primavera-verão.

Não há dúvida de que as chuvas têm grande influência na produção e na qualidade dos frutos dessa cereja. Quanto à altitude, comporta-se muito bem desde o nível do mar até 800 m ou mais.

Fig. 5 — Flores de cerejeira-das-antilhas (acerola).

Fig. 6 — Frutificação da *Malpighia glabra*, Linn. (acerola).

Sendo, como já dissemos, planta de clima tropical para subtropical, um regime de chuvas bem distribuídas, em torno de 1 000 a 2 000 mm ou mais, concorre para uma grande produção e frutos de maior tamanho (Figura 7). É bem verdade que chuvas excessivas ultrapassando 1 600 mm provocam a formação de frutos aquosos, menos ricos em açúcares e vitamina C.

Conhecemos plantas com 30 e 50 anos de idade que, na região de Limeira, já passaram por todas as variações climáticas e sem nenhum trato especial continuam produzindo normalmente.

Fig. 7 — Um regime de chuvas bem distribuídas concorre para produção de frutos de bom tamanho.

Espaçamentos

A acerola pode ser plantada com espaçamentos mínimos de 4 m x 3 m até 5 m x 4 m (Figura 8). Quanto maior a fertilidade do terreno, maior será o espaçamento a adotar. Ao nosso ver, bom espaçamento será o de 5 m x 4 m, comportando, assim, um hectare (10 000 m^2) quinhentas plantas.

Não convém plantar as mudas no lugar definitivo antes de terem alcançado a altura de 30 a 35 cm.

Nos quintais, não convém plantá-las em locais onde não possam receber pelo menos umas seis horas diárias de pleno sol.

Especialmente no caso da maioria das plantas frutíferas, convém lembrar que o sol é a fonte da vida.

Fig. 8 — A cerejeira-das-antilhas (acerola) pode ser plantada com espaços de 3 ou 4 metros e se presta para a formação de cercas vivas.

Plantio

No Brasil, em qualquer região, a cerejeira-das-antilhas pode ser plantada em todos os meses do ano. A estação chuvosa é a ideal quando se trata de grandes plantios. Como os nossos invernos são brandos e os dias mais curtos, nada impede que a cerejeira seja plantada mesmo em plena seca, desde que bem irrigada no momento do plantio e providenciada a cobertura morta (*mulch*), em torno da muda. Quando se planta fora da estação chuvosa, essa cobertura morta é muito importante, pois conserva o solo umedecido por mais tempo, incorporando matéria orgânica e controlando a erosão.

A adubação orgânica na hora do plantio favorece muito o desenvolvimento da planta. Os fertilizantes químicos são arrastados, lixiviados pelas águas das chuvas ou das irrigações, motivo por que não recomendamos seu emprego nas covas, já que a muda quando nova não possui sistema radicular e radicelar para assimilar os fertilizantes, geralmente sais. Entretanto, em virtude de sua lenta mobilidade no solo, o emprego de fosfatos é sempre indispensável, pois são elementos que transmitem energia à planta.

A aplicação de compostos orgânicos bem curtidos, de preferência esterco bovino, por fornecer nitrogênio e manter o solo solto (poroso), facilitando a expansão das raízes, é uma prática das mais recomendáveis. Abrem-se covas de 50 ou 60 cm em todos os sentidos e, para reenchê-las, colocam-se, bem misturados com a terra, 20 a 30 l de esterco curtido ou compostos orgânicos e 1 kg de superfosfatos simples. Essa adubação básica poderá ser substituída pela simples adição de 1 ou 2 kg de farinha de ossos, já que esta contém nitrogênio e fósforo.

Uma vez efetuado o plantio e formada a coroa ao redor da planta, deitam-se mais ou menos uns 20 l de água e, em seguida, coloca-se a cobertura morta, que pode ser proveniente de diversas origens, como folhas decompostas, serragem, cepilho, palhas, bagaço de cana-de-açúcar, folhas e ponteiros de cana, fibras de coco, de cacau, e semelhantes. Deve-se evitar o emprego de cascas de amendoim, devido ao risco de transportarem os nocivos nematóides.

Nos plantios maiores, ou onde for necessário, a defesa contra a erosão deverá ser previamente feita com curvas de nível, terraços, patamares ou banquetas de nível. Capinas em ruas alternadas também é um bom procedimento para o controle da erosão.

Irrigação e tratos culturais

A irrigação é dispensável, devendo ser feita apenas nas covas, por ocasião do transplante. ·

Até o 2.º ano que se segue ao plantio, devem ser feitas capinas manuais, escarificações do solo e desbrotas até uns 50 cm de altura para a formação do tronco único. A cerejeira-das-antilhas, já o dissemos, é planta rústica e por isso não necessita de maiores cuidados.

Como já afirmamos, conhecemos plantas com 30, 40 e 50 anos que nunca receberam tratamentos de qualquer espécie e continuam frutificando satisfatoriamente. Entretanto, é claro que se essas plantas tivessem sido fertilizadas anualmente (adubação de restituição e de equilíbrio), certamente estariam com melhor aspecto e respondendo com melhor e maior produção.

O crescimento inicial da cerejeira é lento, ou parece lento, porque primeiramente desenvolve e aprofunda o sistema radicular, mas, encontrando condições de temperatura e umidade convenientes, desenvolve-se rapidamente.

Repetimos que o solo deve ser mantido limpo em torno da planta, escoimado de ervas daninhas e/ou matos, inços invasores que competem com a cerejeira, subtraindo-lhe a umidade e os nutrientes.

Se a ramagem interna for excessiva, poderá ser podada, o que concorrerá para o arejamento da parte interna da copa e para a melhor penetração do sol, evitando-se a formação de fungos nocivos e de algas, musgos e liquens, chamados também de feltro ou camurça.

Fertilizações

O Dr. Carlos G. Moscoso, da Estação Experimental de Rio Piedras (Porto Rico), recomenda a aplicação de uma adubação balanceada, fórmula 8-8-13, significando esse N-P-K oito de nitrogênio, oito de fósforo e treze de potássio, na proporção de 250 g até 500 g. Essa mistura para as plantas em crescimento, ou já com 3-4 anos de idade, é aplicada duas vezes ao ano, no outono e na primavera. Para árvores mais velhas, deve-se aplicar a mesma fórmula duas vezes ao ano, na dosagem de 1,5 a 2,5 kg, ou seja, metade da quantidade no outono e a outra metade na primavera.

O fertilizante é distribuído e superficialmente enterrado na saia, ou projeção da copa, nunca rente ao tronco.

Nesta matéria, outro conselho que pode ser dado é o seguinte: "A cerejeira-das-antilhas responde bem à adubação e uma fórmula 8-8-15 à base de 500 g por planta até a idade de 4 anos é indicada". Para uma planta adulta, recomenda-se aplicar a mesma fórmula, porém na dosagem de 1,5 a 2,5 kg, dividida em duas parcelas anuais, como explicado anteriormente.

Nos terrenos calcários (alcalinos), não se deve descuidar da aplicação de micronutrientes, convindo recorrer aos do tipo "FTE", de liberação lenta, do qual existem várias fórmulas, parecendo-nos, no momento, que a indicada é a fórmula "BR9", encontrada com a marca comercial de *Nutriplant*, que se acha registrada no Ministério da Agricultura, sob o n.º 4748. A referida fórmula deverá conter:

Zinco (Zn) 6,00
Boro (B) 2,00
Cobre (Cu) 0,80
Ferro (Fe) 6,00
Manganês (Mn) 3,00
Molibdênio (Mo) 0,10

É sempre aconselhável juntar-se às adubações químicas 20 a 30 l de esterco de curral, por planta, e nos terrenos calcários (alcalinos) o equivalente a um ou dois jacás grandes de terra de brejo, ácida e/ou turfosa.

Doenças e pragas

Afortunadamente, a cerejeira-das-antilhas é uma planta resistente e praticamente imune às doenças e pragas.

Aliás, por serem seus frutos particularmente atrativos para os pássaros, para as crianças e para os adultos desavisados, o emprego de pesticidas deve ser absolutamente descartado. Quem saberia observar os prazos de carência que alguns defensivos exigem?

No Havaí, na área de Puna, onde ocorrem precipitações de até 2 500 mm anuais, a mancha-das-folhas (*leaf spot*), uma forma de *Cercospora*, é o maior problema da cultura, causando, nos casos mais severos, intensa desfolhação.

Ali os clones ou variedades mais doces revelaram considerável resistência a essa doença e algumas das variedades ácidas demonstraram diferentes graus de tolerância.

Entre nós, isso poderá vir a ser problema que somente o tempo revelará. Entretanto, desde já podemos deixar claro que os defensivos modernos, que tenham por princípio o cobre (calda bordalesa) e similares, controlam facilmente a *Cercospora*.

Com alguma freqüência, podem surgir cochonilhas sobre os ramos e folhas, bem como ácaros e pulgões, todos facilmente controláveis.

Em Porto Rico, a mosca-das-frutas (*Ceratitis capitata*) causa prejuízos aos frutos. Igualmente, a mosca *Anastrepha fratercula* pode surgir.

No futuro, quando existirem grandes plantações dessa cereja aqui no Brasil, controles químicos certamente far-se-ão necessários e então os técnicos especializados do Instituto Biológico deverão ser ouvidos. Já se sabe, com relação à cochonilha, que o uso de um óleo miscível associado a um fosforado de baixa toxidez controla essa praga, assim como os fungicidas à base de enxofre controlam os ácaros.

A limpeza do tronco com uma escova de cerdas duras e a eliminação dos galhos secos e dos mal situados concorrem para manter a cerejeira em boas condições de fitossanidade.

Colheita

A colheita das cerejas é efetuada à mão, da mesma forma como se colhe o café, a jabuticaba, a uvaia e outros. (Figura 9) O início da produção está relacionado à origem da planta. A cerejeira-das-antilhas, quando proveniente de propagação vegetativa, frutifica no 2.º ano, enquanto que a propagada por via seminífera inicia a frutificação aos dois anos e meio, a partir do plantio definitivo.

É pequena a diferença quanto ao início da produção das plantas reproduzidas por uma ou outra forma, frutificando ambas abundantemente a contar do terceiro ano.

Cada cerejeira-das-antilhas pode produzir de 20 a 30 kg de frutos por ano. Em uma plantação de Porto Rico, segundo o Dr. Moscoso (1956), foram colhidos de 3 000 a 4 500 kg de frutos frescos por ano. Essa plantação, ao que sabemos, consistia de duzentas plantas.

Considerando-se que o conteúdo de ácido ascórbico e de deidroascórbico varia em torno de 1 a 4%, o rendimento total de uma plantação com duzentas árvores, ou seja, ocupando uma área de 3 000 m^2 com a idade de

Fig. 9 — Colheita da acerola (foto de Hamilton Wright).

quatro anos estaria em torno de 45 a 180 kg de vitamina C, expressa em deidroascórbico e ácido ascórbico.

A colheita é feita diariamente. O florescimento a partir de setembro ocorre quase continuamente e os frutos amadurecem após 21 dias, devendo ser colhidos quando apresentarem uma cor rosada, tendendo para o vermelho. Quando maduros, deterioram-se rapidamente, pois são delicados e qualquer pancada provoca a ruptura da película e a polpa entra rapidamente em fermentação.

Isto deixa entrever que, no futuro, quando se dispuser de grandes quantidades de frutas, algum fino licor, ou outra bebida, venha a surgir nos mercados. Quem não vai querer uma *batida* que contenha vitamina C?

Conservação dos frutos e seus produtos

Os frutos conservam-se por algum tempo quando armazenados em recipientes hermeticamente fechados e em temperaturas de refrigeração de 7ºC.

Chegou ao nosso conhecimento que há algum tempo uma Cooperativa do Estado do Pará, ao que parece a COPAMA, teria exportado para o Japão duas toneladas de frutos de acerola congelados.

Musterd, procurando conhecer a perda da vitamina C da cereja durante a sua transformação em geléia, verificou que, após o cozimento, o suco continha ainda alto teor vitamínico. Esse aspecto, segundo o autor, é muito importante, pois normalmente o cozimento tende a destruir a vitamina C, mas, no caso da acerola, o teor manteve-se bastante elevado.

Santini, procurando conhecer também a perda do teor vitamínico durante a transformação dos frutos, chegou à conclusão de que o ácido ascórbico pode ser mantido quase integralmente, desde que o suco seja pasteurizado e imediatamente enlatado. Esse autor, em ensaios do armazenamento de acerola, verificou que, quando mantida à temperatura de 7ºC durante doze meses, a perda de teor de ácido ascórbico é de apenas 18%.

Valor econômico

A cerejeira-das-antilhas, que desde 1946 vem sendo estudada em Porto Rico e no Havaí, é tida pelos pesquisadores Ansenjo, Gusmán, Miller, Nakasone, Yamane, Miyashita, Wenkan, Fitting, Simão e outros como uma fabulosa fonte de ácido ascórbico.

Ansenjo, Gusmán e Moscoso encontraram teores de vitamina C que variam de 1 000 a 4 000 mg em 100 g de polpa.

Na Escola Superior de Agricultura "Luiz de Queiroz", de Piracicaba-SP, em análises efetuadas pela Cadeira de Tecnologia dos Alimentos, encontrou-se teores que variam de 1 200 a 1 800 mg de ácido ascórbico em 100 g de suco.

Mais adiante daremos a tabela demonstrativa de outros elementos encontrados nessa rica fruta, obtida no Instituto Zimotécnico da referida Escola.

Segundo o Dr. Moscoso, a acerola é dinheiro à vista em Porto Rico. Grandes plantações foram estabelecidas e muitas indústrias de conservas, cada vez mais, vêm-se interessando pelo assunto, dada a riqueza dos frutos em ácido ascórbico e a possibilidade de seu processamento.

A acerola é também utilizada na conservação de frutos secos ou frigorificados, pela ação antioxidante do ácido ascórbico contido no suco. O emprego de ácido ascórbico conjuntamente com o ácido cítrico é de grande importância para evitar o escurecimento dos frutos quando em fase de congelamento ou secagem. O fruto pode ser utilizado de várias maneiras, embora, devido à sua delicadeza, não resista ao transporte, a não ser congelado.

Para uso doméstico, a cereja-das-antilhas pode ser utilizada de várias formas: suco, geléia, sorvete, creme gelado, conserva, compota etc. ou misturada com iogurtes. O suco com açúcar é utilizado em mistura com rum ou gim e no preparo de licor de excelente aspecto e fino paladar. Além do seu aproveitamento doméstico, o suco tem sido usado para enriquecer o néctar e suco de outras frutas.

Páginas atrás falamos da produção por pé, que pode oscilar entre 20 a 30 kg por safra. Em nosso país, nas áreas sulinas, a partir do Estado de São Paulo, essa cerejeira frutifica três ou quatro vezes ao ano, mais na primavera-verão. Acreditamos que nas áreas do Nordeste, onde não ocorrem frios, pode dar cinco, seis e até mais safras a cada ano.

Ainda sobre o valor econômico dessa extraordinária fruta, parece-nos conveniente transcrever aqui a matéria inserta nas páginas 75-76 da conceituada Revista "Química e Derivados", número de outubro de 1985.

"Enquanto se estudam investimentos de US$ 80 milhões para produção de vitamina C a partir do sorbitol, em Alagoas, uma pequena fruta caribenha — a acerola ou cereja-das-antilhas — permanece totalmente ignorada nos projetos oficiais. Cultivada há mais de cinqüenta anos no país e com potencial em ácido ascórbico cem vezes superior ao da laranja, a acerola poderia vir a ser a solução natural para a obtenção da vitamina C nacional. Para o Brasil, só a vitamina C representa, hoje, o maior volume isolado de importações de insumos farmacêuticos."

Prossegue mais adiante: "Com tanta vitamina armazenada, é difícil entender por que as grandes indústrias químicas ainda não demonstraram interesse no aproveitamento da acerola." E, mais adiante, diz a mesma matéria: "No Brasil, a única produtora que atua em escala comercial é a Cooperativa Agrícola Mista da Amazônia — COPAMA, que mantém 100 hectares da fruta plantados na cidade de Castanhal, no Pará. Toda a produção da COPAMA, porém, destina-se à exportação, sendo enviada a fruta inteira e congelada para o Japão, onde se produz suco.

Massao Yamasse, diretor da COPAMA, afirma que o cultivo de sua empresa pode aumentar ilimitadamente, dependendo do interesse de grupos brasileiros e do valor oferecido pelos compradores. A acerola é cotada, atualmente, no mercado internacional, a US$ 0,5 o quilo da fruta inteira."

Ainda sobre o valor econômico da acerola, quando comparado às culturas do café e da laranja, o Sr. Sadamori Matsui, de Bauru-SP, fez publicar no "Suplemento

Agrícola", n.º 1586, de 05/02/86, um anúncio, revelando o seguinte:

Cultura	Área que ocupa	Custo da formação	Número de pés	Renda
Acerola	1 ha	Cz$ 49 000,00	830	Cz$ 2 000 000,00
Café	10 ha	Cz$ 550 000,00	33.200	Cz$ 2 000 000,00
Laranja	66 ha	Cz$ 1 780 000,00	13.200	Cz$ 2 000 000,00

Como se vê, comparativamente às áreas ocupadas, o custo da formação e a renda final são significativos e merecem ponderação. Não estamos em condições de confirmar ou desmentir este cálculo, mas apenas atestar que o Sr. Sadamori Matsui é nosso conhecido e pessoa idônea.

Valor alimentar

Conforme o pesquisador Prof. Moscoso, já várias vezes aqui citado, o suco da cereja-das-antilhas com dez partes de outras frutas origina um suco contendo mais vitamina C que uma garrafa de suco de laranja, o que é confirmado por Ansenjo no seu trabalho "A História da Cereja-das-antilhas".

Encontra-se no *Hand book*, do "Bureau of Human Nutrition and Home Economics", do Departamento de Agricultura dos Estados Unidos, de 1958, o teor em ácido ascórbico em mg por 100 g de alguns frutos:

Maçã	5	mg
Banana	10	mg
Goiaba	300	mg
Limão	50	mg
Manga	70	mg
Pêssego	8	mg
Abacate	15	mg
Cabeludinha	1 800	mg
Uvaia	200,4	mg
Caju	274,8	mg
Laranja (suco enlatado)	49	mg

A riqueza em ácido ascórbico na cabeludinha (*Eugenia tomentosa*, CAMBESS.) também é fantástica e será objeto de um outro trabalho nosso.

A cereja-das-antilhas contém também tiamina, riboflavina e niacina em pequenas quantidades e se constitui numa boa fonte de ferro e cálcio.

Com relação aos açúcares, o suco da cereja-das-antilhas revelou a presença de sacarose, dextrose e levulose.

Composição da cereja-das-antilhas em 100 g de polpa, segundo Miller et al. (1961).

Composição	**Gramas**
Umidade	91,10
Proteína	0,68
Extrato etérico	0,19
Fibras	0,60
Cinzas	0,45
Carboidratos	6,98

Minerais	**Miligramas**
Cálcio	8,7
Fósforo	16,2
Ferro	0,7

Vitaminas	**Miligramas**
Caroteno	0,408 (408 U.I.)
Tiamina	0,028
Riboflavina	0,079
Niacina	0,034
Ácido ascórbico	2 329,0

Fica assim evidenciado o valor da cereja-das-antilhas na alimentação porque reside, notadamente, na sua excepcional riqueza em vitamina C, embora ainda seja considerada boa fonte de vitamina A, ferro e cálcio. Portanto, um de seus principais usos é o de suplementar a dieta humana, especialmente de lactantes, organismos enfermos, e aqueles em processo de desnutrição e envelhecimento.

O seu consumo é particularmente indicado nos casos de escorbuto, como preventivo e curativo e como coadjuvante nas anorexias de várias causas, restrições dietoterápicas prolongadas, infecções de longa duração, gripes, resfriados, lesões hepáticas, afecções pancreáticas, dispepsia, vômitos insidiosos, úlceras do trato digestivo, nas alterações do mecanismo da coagulação sangüínea, nas hemorragias capilares, subperiódicas e articulares, estados de intoxicações por antibióticos, raios X, bismuto, arsênico, e em muitos outros estados patológicos.

Em setembro de 1978, o especialista em plantas medicinais, que antes as cultivava em Angola, na África, e hoje reside em São Paulo, o Dr. Albano Ferreira Martins, presenteou-nos com um folheto, editado em Portugal, que trata da cereja-das-antilhas. Dada a seriedade do texto, achamos importante reproduzi-lo aqui: "ACEROLA — A FONTE MAIS ABUNDANTE DE VITAMINA C NATURAL. A ação superior dos alimentos naturais, comparada com a dos seus equivalentes sintéticos, tem sido evidenciada por diversas vezes. São grandes as vantagens dos alimentos naturais. Além do nutriente pelo qual geralmente são conhecidos, fornecem adicionalmente outros, alguns já catalogados pela ciência, outros não identificados ainda, mas talvez tão importantes ou mais que aqueles, em quantidades equilibradas que potencializam os efeitos do nutriente principal. A acerola distinguiu-se particularmente pela riqueza em vitamina C, mas, além desta vitamina, numa espécie de brinde necessário da natureza, fornece outros elementos vitais para o equilíbrio do nosso organismo. (Figura 10)

Os preparados sintéticos contêm somente os nutrientes que a ciência descobriu ou considerou como importantes até determinada data. A sua composição é limitada pelo conhecimento científico, o que explica as diferenças verificadas nos resultados de aplicação de produtos naturais e sintéticos, aparentemente iguais.

Chick, ao comentar a prevenção e o tratamento da avitaminose C, sublinhou que os sumos naturais provam ser mais eficientes e mais completos na sua ação. Observação semelhante foi feita por Jungblut, Coterau, Hawley e colaboradores, que encontraram níveis mais elevados de vitamina C armazenada nos tecidos, quando esta era somente ministrada através dos alimentos. Em 1933, Hank relatou que no tratamento da gengivite e gengivas que sangram não conseguiu curas efetivas com vitamina C sintética. Elmby e Warburg relataram a incapacidade de melhorar uma hemorragia intestinal com preparados sintéticos, paralelamente aos bons resultados obtidos com a vitamina C natural. Klein, referindo-se às propriedades da acerola, diz: 'Há benefícios comprovados no uso da acerola, em vez de preparações sintéticas, inclusivamente, até na ausência de manifestações alérgicas: *nunca soubemos ou observamos alergias à ingestão da acerola*'.

Em outra parte, prossegue o mesmo folheto: "O QUE É? Em tamanho e cor a acerola parece-se com a vulgar cereja, mas, de fato, não se trata de uma cereja; é realmente uma baga dum vermelho vivo e brilhante, belo fruto subtropical, com o nome de *Malpighia punicifolia*. A acerola é comum nas Ilhas Caraibas, onde tem crescido

Fig. 10 — Trinta acerolas batidas no liquidificador rendem 250 g ou 1/4 de litro de suco.

selvagem durante gerações, sendo conhecida pelos mais variados nomes: cereja de Barbados, cereja das Ilhas Ocidentais, cereja de Porto Rico e, naturalmente, também por baga de acerola.

Apesar de conhecida há muito, só recentemente descobriu-se o interesse nutricional por uma baga silvestre tão rica em vitamina C como a acerola.

O alto teor de ácido ascórbico (vitamina C) encontrado na acerola foi primeiramente descrito por Ansenjo e Gusmán em 1946, como resultado dos estudos que então empreendiam sobre os valores contidos nos produtos agrícolas de Porto Rico. A descoberta teve muito de casual, como todas as importantes descobertas, mas as experiências rigorosas, feitas a seguir, vieram confirmar que a acerola é, realmente, a mais rica fonte de vitamina C natural conhecida em todo o mundo."

O jornal "O Estado de S. Paulo", em sua edição de 03/01/86, na coluna "Atualidade Científica" publicou uma ótima matéria, que transcrevemos para estas páginas. Diz o seguinte: "VITAMINA C: 'ARMA' CONTRA O CÂNCER. Prêmio Nobel de Química e da Paz, o professor Linus Pauling, que ainda este ano esteve no Brasil participando do Simpósio Internacional sobre Vitaminas, realizado no Rio de Janeiro, declarou que resultados de recentes estudos e pesquisas comprovam que a administração de doses maciças de vitamina C tem acusado uma extraordinária eficácia no tratamento de pessoas que sofrem de câncer. Segundo explicou Pauling, já está cientificamente comprovado que pacientes cancerosos acusam uma significativa diminuição de vitamina C no sangue e, conseqüentemente, no seu próprio sistema de defesa orgânica. Pessoas com câncer em fase terminal —

diz Pauling —, justamente naquele momento em que a doença atinge um limiar crítico, onde nenhuma das terapêuticas conhecidas é capaz de agir, já têm sido tratadas com doses maciças de vitamina C (10 g por dia e em seguida 10 g por dia via oral).

A análise clínica citada por Pauling foi testada em 100 pacientes cancerosos, cuja evolução da doença foi comparada com a de 1 000 outros pacientes com o mesmo problema, que não receberam tal suplementação vitamínica em doses maciças, sendo apenas submetidos aos tratamentos normais conhecidos. Os resultados desse estudo é que abrem grandes perspectivas quanto ao valor terapêutico da vitamina C no tratamento complementar de um câncer avançado. Na realidade, segundo Pauling, dois efeitos importantes parecem estar ligados à administração de doses maciças de vitamina C a pacientes cancerosos em fase terminal: 1) Para a maioria dos doentes (90%), a sobrevida foi multiplicada por um fator 2.7; ao mesmo tempo, constatou-se uma nítida melhora na qualidade de vida, como, por exemplo, a diminuição das dores provocadas por metástases ósseas. 2) Em 10% dos doentes assim tratados, observou-se até uma remissão do tumor canceroso, que, nos melhores casos, pode inclusive alcançar mais de 20 vezes o valor médio do tempo de sobrevida, estabelecido para pacientes não tratados (48 dias).

As primeiras conclusões que se pode tirar desse estudo, segundo frisou Linus Pauling, é que a vitamina C em doses maciças pode ser extremamente útil no tratamento de pacientes cancerosos em fase terminal. A vitamina C não cura o câncer em si, mas, aumentando as defesas orgânicas em geral, possibilita aos doentes melhores condições de vida e diminuição das dores; em alguns casos, permite inclusive aumento da sobrevida."

Sabemos ser repetitivo, mas por tratar-se de pequeno folheto sujeito a extravios e, às vezes, oculto entre livros nas bibliotecas, sentimos a necessidade de dizer mais o que se segue.

A Pró-Reitoria de Atividades de Extensão, da Universidade Federal Rural de Pernambuco, mimeografou e vem distribuindo um folheto que, embora repetindo tópicos já expostos neste livro, achamos conveniente, dada a importância, reproduzi-lo integralmente aqui.

"A IMPORTÂNCIA DO CONSUMO DA ACEROLA PARA A SAÚDE HUMANA EM VIRTUDE DO SEU ALTO TEOR EM VITAMINA C."

A acerola (cereja-das-antilhas cujo nome científico é *Malpighia glabra* L.) é uma atraente frutinha, semelhante à cereja-européia, que se destaca por possuir um fantástico teor de vitamina C em sua polpa. Em torno de 2 500 a 4 600 miligramas de ácido ascórbico (vitamina C), por 100 gramas de polpa. Isto representa de 50 a 100 vezes o teor dessa mesma vitamina em igual quantidade de suco de laranja ou de limão, frutas consideradas ricas em vitamina C.

Face ao excepcional conteúdo dessa vitamina, a acerola vem sendo intensamente disseminada e divulgada na América Central, países do Mar das Antilhas e no Norte da América do Sul.

A Universidade Federal Rural de Pernambuco, considerando os notáveis méritos da fruta está, através do seu Departamento de Agronomia, com apoio da Pró-Reitoria de Atividades de Extensão, encetando meritória campanha visando difundi-la em todo o país, notadamente no Nordeste brasileiro, oferecendo, assim, a todos aqueles que se interessarem, a possibilidade de cultivar essa excepcional dádiva da natureza.

Além do altíssimo teor de vitamina C, a acerola é, também, considerada uma fruta rica em vitamina A, ferro e cálcio.

O consumo diário de 2 a 4 acerolas é suficiente para atender às necessidades normais do organismo humano.

O VALOR DA VITAMINA C NA DIETA HUMANA E O SEU EMPREGO NA MANUTENÇÃO DA SAÚDE E CONTROLE DAS DOENÇAS.

A vitamina C por ser das vitaminas a que está mais sujeita à deficiência no organismo humano, e por isso de maior necessidade no desenvolvimento e manutenção do mesmo, e também de mais amplo emprego terapêutico, pode, portanto, ser considerada como um ativador indispensável em todo o metabolismo celular.

O reforço na administração da vitamina C é particularmente indicado à dieta das gestantes, das lactantes, das crianças e dos jovens em fase de crescimento, bem como na das pessoas idosas ou em processo de desgaste físico intenso.

Assim ela desempenha, entre outras ações, importante papel nos fenômenos de respiração celular, na atividade das enzimas, na estimulação dos centros formadores dos glóbulos do sangue, nos mecanismos da coagulação sangüínea, na absorção do ferro, na ativação da fagocitose, na defesa do organismo contra infecções e intoxicações, no equilíbrio dos hormônios sexuais, na formação das substâncias intercelulares, no aumento da resistência ao frio e ao calor.

O consumo da vitamina C é indicado não só para a manutenção da normalidade fisiológica do organismo, como especialmente para os estados agudos e crônicos da hipovitaminose C.

O enfraquecimento do estado geral e da capacidade física e psíquica do homem, determinado pela carência da vitamina C, o predispõe a uma extensa série de distúrbios fisiológicos e estados patológicos (doenças).

Assim, a debilidade e irritabilidade, a fadiga, a impotência sexual, dores musculares e articulares, perda de apetite, doenças infecciosas; as tendências exageradas para hemorragias, notadamente as nasais, gengivais, musculares e das articulações; o atraso na cicatrização de feridas e na formação dos ossos e do calo ósseo; as anemias e distúrbios cardiovasculares, dores de cabeça, transtornos digestivos, perda de peso, inflamação das extremidades etc., são quadros clínicos que estão associados à carência de vitamina C.

A experiência médica, adquirida através de pesquisa e controle terapêutico, comprova que a vitamina C é empregada com sucesso, em altas doses, como medicação coadjuvante em grande número de estados patológicos tais como: gripe, resfriado, afecções pulmonares, tuberculose, doenças do fígado (hepatopatias) e afecções das vias biliares (hepatite a vírus), cirrose, câncer, colecistite, colelitíases etc. Também resultados positivos são obtidos no tratamento do reumatismo e dos estresses, nas doenças febris, no diabete, no choque pós-operatório, em acidentes nas intervenções cirúrgicas, no choque traumático, nas hemorragias etc.

Está comprovada ainda a ação virulicida da vitamina C quando aplicada em altas doses na poliomielite, na hepatite epidêmica, na varicela, na papeira etc. Deste modo, a vitamina C é, com justiça, considerada um verdadeiro tônico fisiológico.

Por tudo isso é que se recomenda o consumo constante da cereja-das-antilhas, pois, além de fornecer alta dose de vitamina C, o faz de modo agradável ao paladar e quase nenhum dispêndio.

A ingestão diária destas frutinhas, seja através do seu consumo ao natural, seja através de seus produtos — sorvetes, geléias, doces, licores, batidas etc. —, propicia ao organismo uma quantidade de vitamina C bem superior às necessidades orgânicas, ao mesmo tempo em que contribui para prevenir uma série de doenças e promove suas curas."

Para a elaboração da matéria que acabamos de transcrever, a Pró-Reitoria de Atividades de Extensão, da Universidade Federal Rural de Pernambuco — Departamento de Agronomia, louvou-me com a seguinte bibliografia:

BOOKER, W. M. e col. *J. Dig. Dis.*, 1952, 20: 75-77.
FRANCO, G. *Teor Vitamínico do Alimento*. Rio de Janeiro, J. Olympio, 1968.
KENAWY, M. R. e col. *Rev. Int. Vitaminol*, 24:40-60, 1952.
LABORATÓRIO ROCHE *Novos Conceitos Sobre as Altas Doses de Vitamina C*. Produtos Roche Químicos e Farmacêuticos S/A., 1968.
LINDAU, O. e WORK, E.: *Biochem. T.*, 55:238, 1953.
RODSMA. W. *Acta Physiol. Pharm. Neerl.*, 5:330-45, 1957.
SAYERS, G. *Proc. Soc. Exp. Biol. Med.*, 55:238, 1944.

SCHROEDER, K. *Therap Gegnew.*, 91, 459 (1952).
THOMPSON, E. M. e col. *J. Nutr.*, *69*:35-47, 1959.

No Instituto Zimotécnico "Professor Jayme Rocha Camargo", da Escola Superior de Agricultura "Luiz de Queiroz", de Piracicaba-SP, conforme consta do *Guia de Composição de Frutas*, editado em Piracicaba em 1966, o Prof. Dr. Octavio Valsechi examinou seis amostras de cereja-das-antilhas (*Malpighia glabra*, Linn.), colhidas no referido município, e encontrou:

AMOSTRAS	1	2	3	4	5	6
Composição da polpa (%)						
Água	85,47	81,81	81,78	84,61	89,81	89,10
Sólidos totais	14,53	18,19	18,22	15,39	10,19	10,90
Proteínas	1,30	1,34	1,79	1,95	1,03	1,33
Matérias graxas	0,50	0,33	0,48	0,64	0,34	0,31
Açúcares totais	10,67	14,70	14,11	10,73	7,48	7,90
Açúcares redutores	10,43	12,88	12,37	10,73	6,67	7,58
Sacarose p.d.	0,23	1,73	1,65	0,00	0,77	0,30
Fibras	0,68	0,50	0,54	0,58	0,42	0,55
Cinzas	0,40	0,54	0,47	0,60	0,32	0,25
N.D.	0,99	0,87	0,92	0,89	0,64	0,58
pH	6,00	5,8	5,7	5,7	5,5	5,4
Composição da cinza (%)						
Sílica (SiO_2)	0,36	2,14	0,69	0,71	1,76	2,32
Cálcio (CaO)	3,23	3,20	3,01	3,01	5,17	6,76
Magnésio (MgO)	2,57	3,03	2,47	2,33	4,07	4,84
Potássio (K_2O)	47,67	45,63	44,17	45,57	43,17	43,51
Sódio (Na_2O)	5,80	5,44	2,02	2,02	2,31	3,13
Fósforo (P_2O_5)	5,84	6,24	4,50	4,61	8,01	8,23
Ferro (Fe_2O_3)	0,63	0,46	0,46	0,54	0,44	0,47
Alumínio (Al_2O_3)	0,45	0,38	0,28	0,27	0,28	0,34
Cloretos (Cl)	4,98	4,00	1,65	1,59	2,71	3,55
Sulfatos (SO_3)	5,83	5,84	3,29	3,70	3,35	4,61

Conforme Corey D. Miller, Nao S. Wenkan e Katherine O. Fitting, em **Acerola — Nutritive Value and Home**

Use, Circular n.º 59, editado em 1961, na Estação Experimental de Agricultura do Havaí, Universidade do Havaí, dizem:

Composição e Valor Nutritivo

Um lote misturado e pesando 1,700 g para a determinação do conteúdo aproximado de sais minerais e vitaminas, a porção comestível foi analisada pelos métodos comuns e o resultado é assim sumarizado:

Composição da acerola em 100 g de porção comestível

Composição aproximada	Peso/gramas
Umidade	91,10
Proteínas	0,68
Extrato etérico	0,19
Fibras cruas	0,60
Total de cinzas	0,45
Carboidratos (por diferença)	6,98
Minerais	
Cálcio	8,7
Fósforo	16,2
Ferro	0,17
Vitaminas	**Miligramas**
Caroteno (408 U.I. de vitamina A *)	0,408 *
Tiamina	0,028
Riboflavina	0,079
Niacina	0,34
Ácido ascórbico (vitamina C)	2 329,0

* Um micrograma de pigmentos amarelos equivale a uma Unidade Internacional (U.I.) de vitamina A.

Depois destas demonstrações, fica evidenciado que essa cerejeira é uma farmácia, o que sugere ser indispensável pelo menos um arbusto dela em cada quintal.

Algumas receitas

A imaginação de cada um, inclusive dos *bar-men*, certamente criará várias formas para a utilização em proveito do organismo humano dos altos valores contidos na cereja-das-antilhas. Enquanto isso não acontece, vamos dar aqui algumas receitas que conhecemos.

Antes, porém, convém saber que a vitamina C ou ácido ascórbico é solúvel em água, expresso em um grama para cada três centímetros cúbicos de água. É oxidante até perder sua atividade vitamínica se as preparações forem feitas na presença de sais de cobre ou de ferro, exposição ao ar ou à luz, podendo também ser destruída durante o processo de cocção. Sabendo ser a vitamina C facilmente inativada, vários cuidados deverão ser observados para preservar a máxima quantidade desta no alimento: escaldamento leve com água quente ou cocção pelo vapor dos alimentos considerados fonte; preparação de sucos no ato da ingestão, e evitar a cocção de alimentos em grandes quantidades de água por períodos prolongados.

Considerando que a cereja-das-antilhas ou acerola tem um peso médio de seis gramas, com um teor médio de vitamina C em torno de 3 500 miligramas em 100 gramas de polpa, e que as necessidades diárias de vitamina C, segundo Chaves, são:

        de 0 a 1 ano — 35 miligramas/dia
        de 1 a 10 anos — 40 miligramas/dia
        de 11 a 45 anos — 45 miligramas/dia
                gestação — 60 miligramas/dia
                lactação — 80 miligramas/dia

Recomenda-se para atender a estas necessidades o equivalente a uma, duas ou três cerejas diariamente.

Suco

Modo de preparar:
O suco da cereja-das-antilhas pode ser feito colocando-se a fruta, depois de lavada, no liquidificador com água e batendo até o despreendimento das sementes. Em seguida, coa-se, adiciona-se açúcar a gosto e bate-se novamente. Recomenda-se a adição de gelo no ato da ingestão. A proporção entre a quantidade de cereja e água será determinada pelo paladar do consumidor.

Licor

Ingredientes:
- 1 kg de acerola madura
- 800 g de açúcar
- 1 litro de álcool, cachaça ou rum
- 1 litro de água

Modo de preparar:
Dissolva o açúcar na água morna e ferva durante 20 minutos. Em seguida, adicione a acerola, fervendo por

mais 3 minutos. Deixe esfriar e passe em uma peneira de malha grossa, juntando tudo à cachaça, álcool ou rum. Guarde durante quinze a vinte dias, de preferência em recipiente escuro, isento de sais de ferro ou cobre. Após este período, passe novamente por uma peneira bem limpa e em seguida filtre em filtro de papel. Engarrafe e sirva, de preferência à temperatura ambiente.

Acerola em calda

Ingredientes:
- 1 kg de acerola
- ½ kg de açúcar
- 500 ml de água

Modo de preparar:
Dissolva o açúcar em água morna e deixe ferver por 20 minutos. Em seguida, adicione as acerolas, deixando em fervura por mais de 5 minutos. Deixe esfriar e coloque em um vidro de boca larga, anteriormente escaldado.

Obs.: Caso a calda, após o esfriamento, apresente-se fina ou rala, coloque no vidro apenas as frutas, voltando a calda ao fogo até atingir o ponto desejado. Em seguida junte-a às frutas, deixe esfriar completamente, tampe e guarde no refrigerador.

Geléia

Ingredientes:
- Acerolas
- Açúcar
- Água

Modo de preparar:

Tome uma porção de acerolas maduras (1 kg aproximadamente), adicione água o suficiente para cobrir e deixe ferver por meia hora, até o rompimento da película. Passe numa peneira de malha grossa. Meça o líquido coado e adicione açúcar nas proporções de 3 (três) medidas de suco coado para 1 (uma) medida de açúcar. Misture bem, leve ao fogo por aproximadamente 1 hora e 20 minutos, sem mexer, em fogo brando.

Ponto de geléia:

Após este período de fervura, retire pequena porção com uma colher de sopa e leve ao congelador por 3 minutos. O ponto estará determinado quando a geléia se apresentar, depois de fria, transparente, com uma textura firme e homogênea. Retire do fogo, coloque em um vidro de boca larga, previamente escaldado. Deixe-a esfriar totalmente, tampe e guarde no congelador.

Pasta ou "shimier"

Ingredientes:
- Acerola
- Açúcar
- Água

Modo de preparar:

Para o preparo da pasta, deve-se utilizar a massa que sobrou do coado realizado para se obter a geléia, ou seja, o que ficou retido na peneira. Amasse bem, até o desprendimento total das sementes. Meça a massa obtida e adicione açúcar nas proporções de 1 (uma) medida de massa para 1 (uma) medida de açúcar. Leve ao fogo, mexendo sempre com uma colher de pau.

Ponto de pasta:

Obtém-se o ponto ideal, quando, ao mexer a massa após algum tempo de fervura, esta se desprender do fundo da panela. Em seguida, deve-se colocar em um vidro de boca larga, previamente escaldado, deixar esfriar completamente, tampar e conservar no refrigerador.

Esta pasta pode ser utilizada como recheio para tortas, panquecas ou consumida com pães, bolachas, queijos etc.

Obs.: Considerando que a vitamina C se oxida na presença de sais de ferro ou cobre, como já explicado, recomenda-se usar colheres de pau, peneiras de malha e náilon.

Caso se deseje armazenar os produtos por períodos prolongados, deve-se proceder à esterilização adequada de todo o material.

Nota: As receitas acima foram elaboradas por Edméa Nunes Senna, professora do DCD/UFRPE, com a colaboração de Jeanette Thereza de Lemos Pereira, economista doméstica da mesma Universidade Federal Rural de Pernambuco.

O leitor do conceituado jornal "O Estado de S. Paulo", Sr. José dos Santos, de São Sebastião do Paraíso — MG, enviou ao "Suplemento Agrícola" do mesmo jornal diversas receitas que foram publicadas no número 1.578, de 11/12/85, e, falando sobre a compota, diz: "A acerola é uma delícia em calda e não há quem resista a uma compota feita com um quilo de açúcar e 500 ml de água. Comece preparando a calda: dissolva o açúcar em água morna e leve ao fogo para ferver por meia hora. Adicione, então, as acerolas, deixando-as ferver por cinco minutos. Deixe esfriar e coloque tudo num vidro de boca larga, esterilizado. Caso a calda esteja fina, depois do esfriamento, coloque as frutas no vidro, leve a calda ao fogo, deixando apurar um pouco mais. Coloque-a, então, sobre as frutas, deixe esfriar totalmente, tampe e conserve em geladeira."

De uma publicação feita no Havaí, retiramos a seguinte receita:

Sorvete

Ingredientes:
- 1 colher das de sopa de gelatina
- 2 colheres das de sopa de água fria
- 1 xícara e meia das de chá de água fervente
- 3 colheres das de sopa de açúcar
- 2 colheres das de sopa de suco de limão
- 1 xícara e meia das de chá de molho de cereja (acerola)
- 1 clara de ovo batida em neve

Modo de preparar:
Amoleça a gelatina na água fria. Misture-a dentro da água fervente e adicione os ingredientes restantes, menos a clara de ovo, e mexa completamente. Ponha para gelar até o ponto de papa ou mingau. Junte a clara de ovo batida em neve. Volte ao congelador, mexendo de vez em quando.

Que os leitores façam o melhor proveito deste livro, não deixando nunca de plantar ou de ajudar a plantar um pé de cereja-das-antilhas (acerola) em cada quintal, são os sinceros desejos do autor. Assim procedendo, colocando o precioso ácido ascórbico (vitamina C) ao alcance de um maior número de pessoas, estarão, sem dúvida, concorrendo para a melhoria das condições de saúde de nossa população.

Nota: Achavam-se prontos os originais deste livro, quando chegou-nos às mãos o n.º 6, v. XXIV, edição de junho de 1985, da conceituada Revista "Dirigente Rural", da Editora Visão Ltda., trazendo nas páginas 20 a 24 a matéria: ACEROLA, FRUTO COM ALTO TEOR DE VITAMINA C, confirmando tudo o que dissemos e a qual reproduzimos.

A acerola ou cerejeira-das-antilhas está sendo difundida entre os produtores rurais do Nordeste, especialmente os pernambucanos, em cujo Estado ela foi introduzida há cerca de trinta anos. Considerada por professores da Universidade Rural de Pernambuco (UFRPe) "uma fantástica dádiva da natureza", essa planta produz pequenos frutos com alto teor de vitamina C. Chega a ter em 100 g de polpa 4 mil mg de ácido ascórbico (vitamina C), ou seja, oitenta vezes mais do que igual quantidade de suco de laranja ou limão.

Depois de cultivá-la durante muito tempo no pomar da própria universidade, professores e técnicos agrícolas conduzem atualmente cinco pesquisas relativas ao melhoramento genético e à propagação da acerola, ao mesmo tempo em que a Pró-Reitoria de Atividades de Extensão lança campanha de âmbito regional para incentivar a população a plantá-la nas escolas, centros comunitários, associações de bairro, fábricas, clubes e residências.

Explica o pró-reitor Espedito Meira Couceiro que a iniciativa se baseia no fato de que o brasileiro, notadamente o nordestino, tem uma dieta que deixa muito a desejar em termos de vitaminas e a fruta é excelente complemento alimentar, principalmente para lactantes, crianças, adolescentes, gestantes e pessoas enfermas em processo de desnutrição e envelhecimento.

O cultivo da planta (*Malpighia glabra*) começou em 1955, depois do retorno de Porto Rico da professora Maria Celene Ferreira Cardoso de Almeida, que fora fazer um curso de especialização nesse país. Ela trouxe perto de duas centenas e meia de sementes, das quais apenas dez germinaram. Atualmente, há milhares de fruteiras espalhadas em pequenas propriedades rurais, jardins e quintais de residências em Pernambuco. O pró-reitor informa que só a UFRPe distribuiu mais de 50 mil mudas, embora ele não disponha de dados sobre a produção, industrialização e consumo do fruto. Este é utilizado seco ou frigorificado e presta-se para consumo ao natural ou em forma de suco, sorvete, geléia, creme gelado, compota, conserva, licor e batidas. O suco serve ainda para enriquecer o néctar e o próprio suco de outras frutas.

Lembra a maçã — A acerola é chamada de maçã em algumas regiões do país, pois contém ácido málico, que lhe dá aroma parecido ao dessa fruta. Mas ambas também são semelhantes na forma e na cor, embora a maçã seja maior.

A cerejeira-das-antilhas é um arbusto que atinge entre 2 m e 3 m de altura, apresenta ramos densos e suas folhas têm tamanho variável entre 2 cm e 8 cm. Já os frutos são pequenos (os maiores não chegam a atingir 3 cm de diâmetro) e têm, em geral, forma ovalada, não costumando seu peso superar 10 g. Há, no entanto, frutos bem menores, com peso de apenas 2 g. O suco da acerola, de cor avermelhada, representa em torno de 80% do peso do fruto, que em geral contém três sementes. Da fecundação à maturação do fruto decorrem, em média, 22 dias, em condições adequadas para a cultura. A acerola é classificada, de acordo com seu sabor, em doce, ácida e subácida. Quanto mais ácida, maior a quantidade de ácido ascórbico no produto, que portanto é mais rico em vitamina C.

Clima quente — Para se desenvolver bem e rapidamente, a acerola precisa de temperaturas elevadas, próprias de climas tropicais e subtropicais. Frio e tempo seco não ajudam, pois nessas condições seu desenvolvimento é lento e a planta chega a parar de crescer em situações extremas. Em geral, porém, ela se recupera com a elevação da temperatura e a chegada das chuvas. Conjugados, esses dois fatores fazem com que a vegetação e o florescimento ganhem extraordinário vigor.

O clima ideal para o cultivo é caracterizado por temperaturas médias em torno de 26°C e de 1 200 mm a 1 600 mm de chuvas. A boa distribuição das águas durante o ciclo cultural também é importante para se obter colheita mais volumosa e com frutos de melhor qualidade. Como planta rústica, também pode ser cultivada no Semi-Árido. Neste caso, porém, é preciso fazer a irrigação da lavoura, pois ela não suporta a estiagem por muito tempo. Da mesma forma, não se recomenda o seu plantio em regiões onde costuma ocorrer frio intenso. Ela se ressente muito quando a temperatura fica em torno de 0°C e, se essa situação perdurar, a planta acabará morrendo. Por outro lado, chuvas muito acima de 1 600 mm durante o ciclo da lavoura são prejudiciais, pois provocam a formação de frutos aguados, com menores teores de vitamina C e açúcares. A planta desenvolve-se de modo satisfatório em quase todos os tipos de terreno. Mas produz melhor ainda em solos mais profundos, argilo-arenosos, de boa fertilidade e drenagem adequada.

Propagação — De acordo com a UFRPe, a acerola pode ser propagada por sementes, estacas, mergulhia ou enxertia. A propagação por sementes é o método mais usado, já que proporciona plantas bastante semelhantes (a acerola é autofértil). É feita em sementeiras, isto é, canteiros, caixas ou vasilhames individuais. As sementes são extraídas dos frutos, lavadas e postas para secar à sombra, sendo a seguir cultivadas nos canteiros, em sulcos distanciados 20 cm um do outro. A germinação ocorre entre vinte dias e 25 dias após e a repicagem, para sacos plásticos ou jacás, e deve ser feita quando as plantinhas atingirem de 10 cm a 15 cm de altura.

De acordo com os técnicos pernambucanos, a enxertia não é muito utilizada atualmente na cultura. Mas, no caso de o produtor preferir esse método, eles recomendam a prática da borbulha sob casca, semelhante à usada nos laranjais. De todos os processos de propagação, no entanto, o de estaquia surge como o mais apropriado, já que com ele é possível conservar bem definidas as características da variedade. As estacas, obtidas de ramos saudáveis e fortes, devem ter diâmetro de 1 cm e comprimento de 20 cm a 25 cm. Para que o enraizamento seja mais rápido, recomenda-se tratamento com hormônios enraizadores à base de ácido indolbutírico ou indolacético.

De acordo com a fertilidade do solo e os tratos culturais que serão empregados, o espaçamento entre plantas no pomar varia de 4 m x 3 m a 5 m x 4 m. Quando atingirem de 30 cm a 35 cm de altura, as plantinhas devem ser cultivadas no pomar. Aconselha-se protegê-las contra a insolação e regá-las todos os dias nos períodos secos.

Tratos e adubação — Com boas características de rusticidade, a acerola não dá muito trabalho em relação aos tratos culturais. Deixar a área livre de mato e irrigá-la nas épocas secas são práticas recomendáveis, bem como retirar os ramos mais agressivos, o que é bom para o arejamento da parte interna da copa. Na adubação, a UFRPe recomenda aplicar por ano e por pé, até o início da frutificação, a seguinte mistura: 400 g de sulfato de amônio ou nitrocálcio, 400 g de superfosfato de cálcio e 200 g de cloreto de potássio. Iniciada a frutificação, usam-se estes fertilizantes: 600 g a 1 000 g de sulfato de amônio ou nitrocálcio; 600 g a 900 g de superfosfato de cálcio; e 380 g a 500 g de cloreto de potássio, conforme a idade e a produção das plantas.

Tanto em um caso como em outro — antes ou depois da frutificação —, é melhor dividir os fertilizantes em duas aplicações, usando metade no começo das chuvas e o restante depois do período chuvoso. Além disso, os técnicos aconselham que à primeira parcela de adubação se acrescentem de 20 litros a 30 litros (o que corresponde a uma lata e meia de querosene) de esterco de curral bem curtido ou outro adubo orgânico. Quando cultivada no sistema de estaquia, a acerola rende frutos a partir do segundo ano. Já no caso de propagação por semente, a planta demora um pouco mais para render, frutificando aos dois anos e meio. Pelas estatísticas disponíveis no país, o rendimento da acerola é de 20 kg a 30 kg anuais/pé, em quatro frutificações. Existem, no entanto, impressionantes registros de plantas que chegaram, em Porto Rico, a produzir de 3 mil kg a 4 500 kg/ano, em sete frutificações.

Qualidade — Com base em pesquisas realizadas no Brasil, em 100 g de polpa de acerola encontram-se teores de vitamina C variáveis entre 1 000 mg e 4 mil mg.

Para efeito de comparação, o professor Couceiro, com base em trabalho publicado nos Estados Unidos (a acerola é bastante cultivada no Sul desse país, bem como em Porto Rico, no Havaí, em Cuba e no México), mostra o teor de ácido ascórbico em mg/100 g em diferentes frutas: maçã, 5; banana, 10; goiaba, 300; limão, 50; manga, 70; suco de laranja enlatado, 49; pêssego, 8; abacate, 15; caju, 275. Ele diz que a acerola contém tiamina, riboflavina e niacina em pequenas quantidades, constituindo-se em boa fonte de ferro e cálcio. Em relação aos açúcares, o suco dessa fruta tem sacarose, dextrose e levulose. A composição da acerola por 100 g de polpa é a seguinte: umidade, 91,10; proteína, 0,68; extrato etéreo, 0,19; fibra, 0,60; cinzas, 0,045; carboidratos, 6,98. Minerais: cálcio, 8,7 g; fósforo, 16,2 g; ferro, 0,7 g. Vitaminas: caroteno, 0,408 mg (408 U.I.); tiamina, 0,028 mg; riboflavina, 0,079 mg; niacina, 0,34 mg; ácido ascórbico, 2 329 mg.

O pesquisador informa que o valor da acerola na alimentação está na sua "excepcional riqueza em vitamina C (ácido ascórbico), além de ser considerada boa fonte de vitamina A, ferro e cálcio". Entusiasmado pela "frutinha", como costuma chamá-la, comprovou a importância nutritiva das vitaminas nela contidas para o organismo humano e está empenhado em campanha de divulgação da planta, primeiro no seu Estado, depois no Nordeste e, finalmente, no restante do país. Ele tentará convencer os que plantam acerola a resolver a carência de vitamina C. Diz mais: o consumo da fruta é indicado nos casos de escorbuto, como curativo, coadjuvante e preventivo contra perda de apetite, restrições impostas por dietas prolongadas, infecções, gripes, resfriados, lesões hepáticas, afecções pancreáticas, dispepsia, vômitos, úlceras, alterações do mecanismo da coagulação sangüínea, hemorragias, intoxicações e outros. Sua afirmativa se baseia em vasta bibliografia e estudos realizados no exterior.

Para a campanha liderada pelo pró-reitor, a UFRPe conta com o apoio das secretarias de Agricultura e Educação do Estado, além de outros órgãos e prefeituras municipais.

(Reprodução gentilmente autorizada pelo Dr. Ivan Jun Nakamae, editor da Revista Dirigente Rural.)

Bibliografia

BOUILLET, M. N. *Dictionnaire d'Histoire et de Géographie*. Paris. Fins do século XIX.

COUCEIRO, E. M. Diversos boletins editados em 1984. Recife, Universidade Federal Rural de Pernambuco, Departamento de Agronomia.

CORRÊA, M. P. *Dicionário das Plantas Úteis do Brasil, Exóticas e Cultivadas*. Edição do Ministério da Agricultura, Rio de Janeiro, 1931.

DIERBERGER & Cia. *Catálogo de Plantas*. São Paulo, 1940.

FIGUEIREDO, E. R. *Floricultura Brasileira*. Edição da Revista *Chácaras e Quintais*, São Paulo, 1940.

FILGUEIRAS, F. A. R. *Manual de Olericultura*. São Paulo, Ed. Agronômica "Ceres" Ltda., 1972.

HOEHNE, F. C. *Frutas Indígenas*. Publicação da Série "D", do Instituto de Botânica. Edição da Secretaria da Agricultura, Indústria e Comércio, São Paulo, nov. 1946.

HOEHNE, F. C. *Botânica e Agricultura do Brasil (Século XVI)*. Série 5.ª, v. 71, da Biblioteca Pedagógica Brasileira. Edição da Cia. Editora Nacional, São Paulo.

MILLER, C. D. et alii. *Acerola — Nutritive Value and Home Use*. Circular n.º 59, Hawaii Experimental Station. EUA, University of Hawaii, jun. 1961.

MOSCOSO, C. G. *West Indian Cherry — Richest Know Source of Natural Vitamin C*. USA, Reprinted from "Economic Botanic", v. 10, n.º 3, p. 280-294, 1956.

NICHOLSON, G. *Dictionnaire Pratique d'Horticulture et Jardinage*. Paris, Octave Doin-Éditeur, 1898/1899.

REVISTA CHÁCARAS E QUINTAIS. São Paulo, v. 4, out. 1955.

RODRIGUES, J. B. *Hortus Fluminensis, ou Breve Notícia sobre as Plantas Cultivadas no Jardim Botânico.* Rio de Janeiro, Tipografia Leuzinger, 1894.

ROYAL PALM NURSERIES. *Catálogo*. Flórida (EUA), 1930.

SIMÃO, S. *Manual de Fruticultura*. São Paulo, Ed. Agronômica "Ceres" Ltda., 1971.

WALSECHI, O. e ALMEIDA, J. A. *Guia de Composição de Frutas*. Instituto Zimotécnico, da Escola Superior de Agricultura "Luiz de Queiroz". Piracicaba, out. 1966.